U0349683

轻松学大数据挖掘

算法、场景与数据产品

汪榕　著

电子工业出版社

Publishing House of Electronics Industry

北京·BEIJING

内 容 简 介

伴随着大数据时代的发展，数据价值的挖掘以及产品化逐渐被重视起来。本书作为该领域的入门教程，打破以往的数据工具与技术的介绍模式，凭借作者在大数据价值探索过程中的所感所悟，以故事的形式和读者分享一个又一个的数据经历，引人深思、耐人寻味。全书共 9 章，第 1～2 章介绍数据情怀与数据入门；第 3～6 章讨论大数据挖掘相关的一系列学习体系；第 7～9 章为实践应用与数据产品的介绍。让所有学习大数据挖掘的朋友清楚如何落地，以及在整个数据生态圈所需要扮演的角色，全面了解数据的上下游。

本书可作为相关工作经验在 3 年以内的数据挖掘工程师、转型入门做大数据挖掘的人士或者对数据感兴趣的追逐者的轻松学习教程，引导大家有一个正确的学习方向，也可供对数据产品感兴趣的产品经理和数据挖掘工程师阅读参考。

图书在版编目（CIP）数据

轻松学大数据挖掘：算法、场景与数据产品 / 汪榕著. —北京：电子工业出版社，2018.1

ISBN 978-7-121-32926-5

Ⅰ. ①轻…　Ⅱ. ①汪…　Ⅲ. ①数据采集　Ⅳ.①TP274

中国版本图书馆 CIP 数据核字（2017）第 258260 号

策划编辑：黄爱萍
责任编辑：牛　勇
印　　刷：三河市华成印务有限公司
装　　订：三河市华成印务有限公司
出版发行：电子工业出版社
　　　　　北京市海淀区万寿路 173 信箱　邮编：100036
开　　本：720×1000　1/16　印张：13　字数：230 千字
版　　次：2018 年 1 月第 1 版
印　　次：2018 年 1 月第 1 次印刷
定　　价：59.00 元

凡所购买电子工业出版社图书有缺损问题，请向购买书店调换。若书店售缺，请与本社发行部联系，联系及邮购电话：（010）88254888，88258888。

质量投诉请发邮件至 zlts@phei.com.cn，盗版侵权举报请发邮件至 dbqq@phei.com.cn。

本书咨询联系方式：（010）51260888-819，faq@phei.com.cn。

前　言

这是一本关于大数据挖掘与数据产品的参考读物，为了使尽可能多的读者通过本书对大数据应用有所了解，笔者以个人所感所悟引导初学者正确学习大数据挖掘。但是基础知识归纳、开发环境部署、算法原理的介绍都是不可避免的。因此，本书更适合于工作经验在 3 年以内的数据挖掘工程师，以及转型入门做数据挖掘的人士，或者是对数据产品感兴趣的追逐者阅读。

全书共 9 章，第 1～2 章介绍数据情怀与数据入门；第 3～6 章讨论大数据挖掘相关的一系列学习体系；第 7～9 章为实践应用与数据产品的介绍。

本书在内容上尽可能以故事的形式，轻松愉快地介绍大数据、数据挖掘与数据产品实践应用的各方面内容。但作为学习方向性的引导读物且考虑到本书主题，很多常见的算法、技术知识点未能覆盖，毕竟相关的内容在网上已经有很多了，但大多数内容只是"术"，而缺乏"神"。所以本书才另寻思路，以笔者的真实经历告诉读者在学习过程中可能会遇到的"坑"，以及该如何正确学习。因此，建议有兴趣的读者进一步钻研探索，结合更多的学习资料实践应用。

笔者认为，大数据时代的发展，已经逐渐从基础性的建设、数据的积累，慢慢转变成对于数据价值的探索以及业务痛点的落地解决。因此，建议更多的数据挖掘学习者要结合业务场景思考，多了解数据生态圈的上下游，认清数据产品价值的重要性，以及知晓自身在整个数据流程中所扮演的角色的重要性。阅读这些内容的意义远远超过对数据分析工具、算法模型的熟练度的意义。

大数据、人工智能发展极为迅速，但是数据价值的输出仍然存在瓶颈，极大的原因是由于广大追逐者在对数据探索时走向了误区，把更多心思放在了"玩转数据"，而不是真正地解决业务痛点。所以，希望阅读本书的每一位读者都能够从笔者的过往经历和所感所悟中感受到数据之禅。参与本书编写的人员还有王勇老师，在此表示感谢。

笔者自认自己还有许多需要学习的地方，同时时间和精力有限，书中不足之处在所难免，望广大读者批评指正，不胜感激。

轻松注册成为博文视点社区用户（www.broadview.com.cn），扫码直达本书页面。

- **提交勘误**：您对书中内容的修改意见可在 提交勘误 处提交，若被采纳，将获赠博文视点社区积分（在您购买电子书时，积分可用来抵扣相应金额）。
- **交流互动**：在页面下方 读者评论 处留下您的疑问或观点，与我们和其他读者一同学习交流。

页面入口：http://www.broadview.com.cn/32926

目　录

第 1 章

数据情怀篇

1.1 数据之禅

大数据不是新概念，它一直存在，且不以人的意识为转移。

大数据的价值并不在于积累，而在于用更全面的角度去解读事物本身。

业务场景对于数据而言极其重要，它决定了你的分析思路。

当你沉迷于令人眼花缭乱的技术时，要记得数据才是最本质的一切。

浮躁时，找个时间去观察数据，你会得到意想不到的惊喜。

对待数据，要有敬畏之心。因为假的真不了，真的篡改不了。

不要试图去猜测数据，在你没读懂时，肯定还有一层层迷雾遮挡着你。

世间的万物皆有规律，有因有果，数据的表现也是这个道理。

要做好一个数据人，就要懂得沉淀，这样才能透过现象看到本质。

1.2 数据情怀

谈起大数据，知晓它的人都会说：势头猛、高科技、待遇好。"圈外"的人，迫不及待想一头扎进来。殊不知，"圈里"的大部分人却在坐以待毙，茫然无方向。

这些年，笔者接触过很多工作，如数据开发、数据分析、数据挖掘和产品经理，但都与数据产品相关，从来没改变过。近些年，随着"数据"概念的火热，越来越多的人涌向数据这个领域。

1.2.1　数据情怀这股劲

自始至终，国内真正领悟到大数据产品精髓核心的人并不多，有价值的数据产品更是屈指可数。难道大数据的价值在一款跨时代的数据产品身上这么难体现吗？

归根结底，关键性因素是"数据情怀"惹的祸。为什么这样说？很多身处大数据领域的人，不管是做培训，还是做产品，缺乏真正意义上的那一股劲——"数据情怀"，而这股劲，直接影响着你在为这个领域的蓬勃发展贡献多大的力量。

1.2.2　对数据情怀的理解

数据情怀都体现在哪些方面？概括起来，有以下几个词：
- 初心
- 使命感
- 快感
- 共鸣与傲娇

这是笔者对待大数据的一种态度。下面分别讲几个故事。

初心：不忘初心，方得始终。

有位朋友向我提过这样的问题：你是如何赶上机遇，选择这个领域的？是热爱，还是偶然？我很理解这个问题被提出的出发点，因为我知道现在大数据圈子里有这样一个现象：
- 很大一群"准大数据人"，正在培训班里接受培训或者自己学习。
- 一部分转型做数据开发的大数据人，工作年限在 5 年以上，很多人是从 Java 开发转行过来做大数据框架的，真正接触大数据的时间不会超过两年。
- 一部分转型做数据仓库或数据分析的大数据人，是从传统 BI 数据转过来的。

这样转型，除职业发展中的规划外，也有薪酬水平的原因，很幸运自己就算是其中一个。

故事一：笔者与数学的藕断丝连

笔者是学通信专业的，从小到大数学都很厉害，一路以来，转变过很多方向，都是在寻找一个答案——学数学的意义。

笔者在上大学以前，数学一直不错。上了大学后，还曾经熬夜钻研过哥德巴赫猜想，十分兴奋。但后来想明白了，数学公式的计算、求证和推导，并不是我感兴趣的。

在大学有机会接触数学建模，顷刻间觉得它是应用数学在实践中的真正应用，是一种知识的融合和思考问题的突破。笔者参加了 11 次比赛，除在深圳参加夏令营遗憾地获得了三等奖，最后一次参加比赛获得美国建模二等奖外，剩余都是一等奖（其中也包括全国大学生数学建模一等奖）。

这时大数据时代来临，笔者觉得从大数据中或许能够找到数学乃至数据真正的意义，这的确是笔者喜欢瞎折腾的一个初心，太想在自己身上找到数学存在的意义了。所以，当时第一个想法是玩转数学。刚开始总是围绕数据源打转，做一些类似阿里指数那样的大数据报表，总想把各种大数据生态圈底层的开发技术都了解到，但这么做费力不讨好，也没有体现出大数据真正的价值在何处。

后来，在从事大数据领域工作的过程中，又转变了一些方向，有幸多次参与对一家美妆公司，甚至是一些高层的调研。花了一个多月的时间，慢慢领悟到业务真正需要数据为它做什么和业务方需要什么样的数据产品。数据真正的价值潜力很大，只是还很少有人去探索成功罢了。

这是自己目前折腾的事，至少这一路的初心，都是在寻找数学乃至数据的价值。并不是每个从事大数据工作的人，都必须要像笔者这样折腾，但至少你需要思考一下，当初选择进入这个圈子是自己的初心，还是执着，或者只是追潮流？

使命感：人这一辈子，能折腾的事不多，用心做好每一件事。

故事二：笔者的朋友圈，一些活跃的、典型的数据人

在笔者的朋友圈有位特别专注于智能金融的"捷哥"，一个从国外回来创业，想在互联网金融这个行业探索数据价值的人；有天天吟诗作乐，深深陶醉在大数据情怀的高总，同时他也有着大数据人才思维培养的重任；有从事自由职业，却天天飞这飞那做培训的黄老师，一直重视着业务与数据紧密结合，推广着自己写的书；有想在培训行业做出一番贡献，一直默默筹备着机会的老李，充满了情怀，立志于打破目前大数据培训的混乱局面。

这些人充满了使命感，即使迷途惆怅，也坚信光明就在远方。我喜欢这样的一群人，只是这样的人在大数据的圈子里面太少太少了。

故事三：特立独行的数据人

有些特立独行的数据人踏入大数据圈子仅仅是为了转型，为了薪酬，为了养老，并不想真正做出点什么。他们拥有一定的专业技能，但总在小圈子里钻，认为不断学习技术才是存在感，却不知技术本身真正的意义和价值，难应用于业务。

快感：一种想到就会小抽搐，跌宕起伏的兴奋。

故事四：最近上线的数据产品，让笔者充满了快感

几年前，领导私下问每个新人，对工作有什么规划，如下类似的答案从别人口中说出：想做资深 Hadoop 运维工程师、架构师、数据仓库大牛等。笔者的回答是：想做一款数据产品。结果被笑不切实际（却没人知道，笔者当初为了面试数据产品经理，整整准备了两大页自己的构思和知识点的整合）。

前些日子，由于个人发展方面的原因，笔者跳槽了，在面试过程中，还是有人问职业规划的问题。笔者认为，会有人相信了，所以说了自己这几年做了很多准备，就是想以后成为数据产品经理，做一款有自己特色的大数据产品。结果出乎意料，都被一一质疑，以及婉拒了。后面我变聪明了，改口说要成为资深数据挖掘师，沉醉于技术海洋里。听者兴奋，说者无心。

很幸运，来目前这家公司的这段时间里，花了半年多的时间，真切地拥有属于自己特色的数据产品了。从无到有，从需求的调研和分析、系统功能的规划和确定，到前后端功能的开发、推动和联调。

共鸣与傲娇：我们天生傲娇，却在渴望寻找着共鸣的声音。

老罗在一次发布会上提到了傲娇这个词，那种由心而然的底气很强烈，每次看发布会直播，笔者都能深深感受到，因为在大数据圈子里也有这样的一面。就像锤子手机，从创办至今，虽然不被一些人看好，但却在办每一次发布会时引起全国、全世界的关注。

能感受到老罗内心里的渴望，渴望共鸣的声音。即使声音很弱、很小，但却急切期待懂他的人能够共鸣，老罗找到了这样一些共鸣。每次听他发布会的"锤粉"们，因为懂他，也都会替他紧紧捏着一把汗。

回到大数据圈子里，每一个圈子里面的人，都在做着改变未来世界的事，都有可能引领大数据科技与生活的完美融合，不管是互联网+、生物医疗、基因工程、智能家居还是人工智能等，太多新领域充满了未知，充满了使命感。所以，我们真正天生傲娇，每个人都是自己的英雄。

1.3　大数据时代的我们

有人说人之所以痛苦，原因在于追求错误的东西。可是笔者认为，很多时候痛苦来源于迷茫和无奈。对笔者而言，不管是生活还是工作，更看重先做一件正

确的事，并且不顾一切地做下去。

2016 年 11 月 16 日到 18 日，世界互联网大会在浙江乌镇举行，全世界都在关注此次大会，笔者也一样很期待。

在李彦宏演讲结束以后，笔者深思了很久，伴随着互联网的日新月异，从移动互联网，到人工智能，在大数据思维全面灌输的时代，我们何时能够追上科技发展的步伐？

不管是战胜李世石的 AlphaGo，还是因为锤子 M1 一炮走红的科大讯飞，这些都是推动大数据实践落地的优秀先驱者。整个大数据环境，从萌芽到逐渐尝试突破层层泥土，让人们看到它有价值的一面，这是好事。

笔者也在做类似的尝试，相信数据产品能够服务于业务，应用于生活，彰显大数据更有价值的一面。就拿反欺诈产品来说，其能够整合全渠道，甚至是第三方的数据源，通过分析用户在平台上的一举一动，以及多个用户之间的强关联性，实时精准地监控用户在生命周期内的异常行为，甚至是识别恶意诈骗团伙。对于公司的运营成本，这样的大数据应用意义非凡。

还有很多这样有价值的应用，它们致力于服务消费者。就像淘宝推出的"聚星台"，随着移动互联网的发展，越来越多的用户群体被从 PC 端引流到手机端，购物，看新闻，寻找饮食。

聪明淘宝人，提出了用户画像和商品画像，精准推荐另一个应用场景——千人千面，异于传统模式下的协同过滤（基于人、物，甚至是商品之间的推荐），更人性化地展示给用户不同的商品宝贝，精准地推荐商品，缩短了用户的购物路径。这样对于具有"选择困难症"的朋友来说是一个福音。

虽然在和淘宝对接的过程中，这样的大数据应用落地效果并不完美，还有待优化，但是，这表示大数据时代带来的价值，已经轰轰烈烈地来了。

不少人会感觉到恐慌、陌生，甚至是无助。因为他们对大数据思维没有任何概念，但是他们都有一个信念，期待能够获得大数据时代"豪华游轮"的一张船票。而笔者想说的是，只要你足够走心，有大数据情怀，并找到正确的方向，你就能登上这艘游轮。

因为现在的大数据环境，还需要更多先驱者来推动这个领域的发展，打破外界对它的偏见，大数据并不是"大忽悠"，而是一种必然。

笔者想到了几年前的那个冬天。

市场：那时候大数据的整体氛围还没有这么强烈，很多公司都是在当时的业务方向上做小数据量的数据分析和挖掘工作，更多的时候是借助一些分析软件来分析数据，如 MATLAB、SPSS 和 SAS。

职业：那时候身边的同学都在忙着考研、出国，也有一些同学在找与专业相关的工作。很少有朋友会选择从事与数据相关的工作，因为他们觉得没什么前途。

培训：当时整个线上培训环境还很"纯洁"，大部分都是针对学校范围内的考研培训、外语培训和 Java 编程培训。仿佛大家对于 IT 行业的认知一直停留在很多年前。

当时笔者有怪号："大神"、"大侠"，可为什么不是"学霸"呢？因为笔者专业课成绩一塌糊涂，整天一股脑地学习数据、学习模型、参加建模比赛。这个称号更多的是带有些一笑而过的无奈。那时候笔者只有独自学习，也走错了一些方向。例如整天抱着学术论文学习各种看不懂的算法，特别是一些启发式算法，基本上学完就忘，也不知道适用场景；还曾经找关于 Excel 的书籍学习函数、图表、数据透视图，甚至是 VBA，认为懂的花式越多就越厉害；一味地学习各种图表的设计，使用一些画图软件，做信息图，做可视化，让人有视觉上的冲击。

人这一生，会走不少弯路，有些弯路会让你有所成长，如果有人曾经告诉你那是弯路，你就可以省下很多时间，从而利用这些时间做更多有价值的事。

这也是笔者喜欢写文章的原因，让一些即将进入大数据圈子里的人，能够以正确的姿势进入这个门槛而不绕弯路。毕竟在大数据领域，还有很多值得探索数据价值的方面。

大数据行业是一个高技术门槛的行业，请大家理性地看待身边的培训。有以下三点建议，送给大家：

- 多看多听，知晓大数据生态圈正确的方向。
- 多学习，亲自动手实践，这才是重中之重。
- 多讨论，偶尔看一些行业内实战性的文章，以及实践分享案例。

1.4 成为 DT 时代的先驱者

1.4.1 数据没有寒冬

这几天，一篇谈大数据寒冬的旧文，又一次出现在笔者的朋友圈。不过发现一个有趣的现象：乐于转发并分享此文的朋友大多数都上了年纪。严格来说，也不算是这个行业内的人。

那么到底数据行业出现了什么问题？还是他们管中窥豹存有偏见呢？

这是一个朝气蓬勃的行业，注定属于年轻人！笔者曾经表达过自己的观点："对大数据基础性的建设花了几年的时间，数据也积累了不少。各种场景、各种框架的变迁该歇一歇了，是时候把精力全身心投入到数据价值的探索中来了。"

的确，一个人的心态若对数据价值稍有偏见，极有可能变成不一样的看法。而这些偏见，更多的是由于身处于行业之外，以及被这个行业所抛弃，或者是对现实环境的不满与无能为力。

数据技术门槛低、大量裁员、数据变现差、数据团队难养活、用户数据泄露、数据服务公司被调查等。这是短期内的事实，但这并不是寒冬，而是行业走向健康发展的必经之路。

在目前看来，各种监管合格逐渐落地，大多数平台优胜劣汰，越来越多的平台良性退出市场，整个行业倾向于理性和稳健发展。所以，与其抱怨"数据寒冬"，不如去寻找解决办法，或者站在一个过来人的角度思考这其中的原因。

1.4.2　数据生态问题

笔者从小到大，从读书到毕业，从工作到现在，整个生活都充满着数字、算数、方程式、竞赛、模型、数据、价值，比绝大多数人都渴望探索到数据真正的价值，但是很遗憾，到目前为止还在探索，并且没想过要放弃。

在以前，笔者可以"伪造"数据，应对各种大大小小的比赛，让裁判看不出任何破绽。而现在，很怕遇到假数据，也必须对它有敬畏之心，因为这是真实的场景。笔者也知道数据的价值与业务运营密不可分，更坚信数据产品对于业务的意义之重。

笔者能沉得住气，不追随一波又一波的热潮，去接触深度学习、人工智能，因为我知道还有事没做好。数据产品的开发落地只是占数据工作很小的一部分，而运营推广则会充满挑战和挫折。我可以不为名、不为利，只想专注地做自己喜欢的事，挖掘到数据化运营的深层次价值。

无论是公司决策者、领导者，还是业务方和数据人，绝大多数人都真正缺乏这种意识，这种情怀。这也是当下数据环境所暴露的诟病，毕竟升迁加薪、KPI业绩、生活压力等种种干扰因素有很多，也只有年轻的一代有如此激情了。

对于当下开展大数据业务的中小型公司而言，数据难产、变现能力差，最本质的原因在于"技术与业务"脱节严重。做业务的关心业绩，也只会看数据表现，更相信自己的经验，很少给予大数据更多的施展空间。这也导致很多数据产品缺乏业务场景的迭代、证明、驱动。

对于崛起的数据科技服务公司而言，产品没有市场和用户，公司缺乏核心竞争力，很难推广自己的产品。面临这种情况，最应该思考自身数据产品本身的价值，是否跟随当下的业务需求痛点而变迁，还是在墨守成规地做底层建设、科普模型工程或数据的搬运工。

对于正在从事数据行业的工作者而言，工作风险高，工作价值难以体现，缺乏成就感和归属感。工作按部就班，重复做熟练的底层建设工作，不关心业务，不深入了解数据，缺乏数据产品思想，缺乏集技术、数据和业务于一身的综合性的数据人才。

所以当下的大数据环境存在的问题，更多的是缺少综合性数据人才、正确的数据价值认知，以及大量的业务场景的快速迭代。

1.4.3　健康的数据生态

数据行业是一个朝气蓬勃的行业，注定属于年轻人，未来充满了太多未知，但是无论如何，请你记住以下几点。

方向正确、充满热情、坚持不懈。倘若你遇到有经验的过来人对大数据各种吐槽，请你加以明辨，他们那个环境下的大数据，更多的是一个闭着眼睛都可以造数据的伪场景；倘若你遇到数据文盲的业务人，对大数据各种不屑，那么请让他继续装，他所谓的经验法则，必定会有漏洞，也注定会被数据产品自动化替代；倘若你遇到"初生牛犊"似的学习者，夸夸其谈，请你适当提醒他，大数据的价值最终要回归到数据和场景，而不是花花绿绿的技术。

当你遇到违背数据本质底线的行为时，请你及时遏制这一切。而你从事数据的原因，除了养家糊口，也有这一份数据价值的情怀在其中，请记住这一点！如此你这份工作才有价值、有意义！

1.4.4　结尾

在数据行业，仍然有不少人、不少企业真正在做有意义的事。听再多的吐槽和宏观上的点评，不仅浪费时间，还不能提高你的数据敏感性和业务能力，是毫无意义的。

一些数据公司已经在"数据"这条赛道上开始跑了，而且跑对了方向，而你还在纠结和惆怅，这样只有被其他人拉开更大的距离。唯独开始做一些有意义的事，才能真正成为大数据时代的先驱者。

第 2 章

数据入门

2.1 快速掌握 SQL 的基础语法

在正式踏入数据生态圈之前，我们需要掌握一门核心语言，那就是 SQL（结构化查询语言）。

2.1.1 初识 SQL

简单来说，SQL 是一门编程语言，它是用来操作数据库中的数据的。学习这门语言之前，要思考以下几个问题。

1. 为什么学习 SQL

毋庸置疑，在大数据生态圈中需要处理很多结构化数据（如图 2-1 所示），以及在数据挖掘前期的数据清洗和加工，都离不开 SQL。

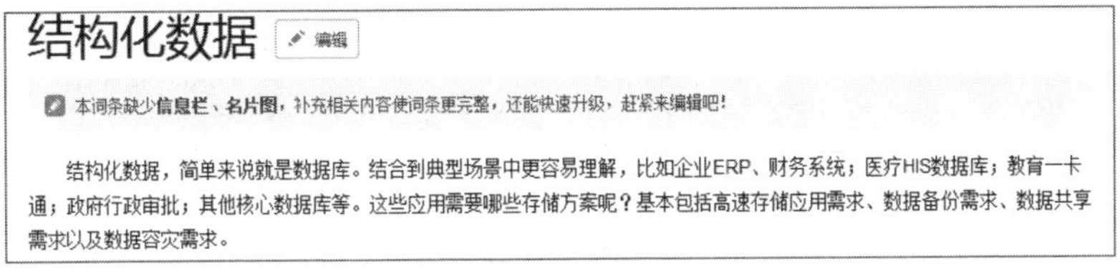

结构化数据 ✏ 编辑

📝 本词条缺少信息栏、名片图，补充相关内容使词条更完整，还能快速升级，赶紧来编辑吧！

结构化数据，简单来说就是数据库。结合到典型场景中更容易理解，比如企业ERP、财务系统；医疗HIS数据库；教育一卡通；政府行政审批；其他核心数据库等。这些应用需要哪些存储方案呢？基本包括高速存储应用需求、数据备份需求、数据共享需求以及数据容灾需求。

图 2-1　结构化数据（来自百度百科）

当然，有一点需要承认。在大数据生态圈里，我们接触更多的是数据仓库 Hive 的工具语言 HQL。那么 HQL 与 SQL 的区别是什么呢？

它们除了常用的写法类似，其他方面都不同。为什么需要先学习 SQL，而不直接学习 HQL 呢？

一方面，HQL 常用的语法都来源于 SQL，学习 SQL 有助于理解 HQL 的知识；另一方面，学习 SQL 很方便，只需要安装 MySQL 的服务端和客户端，就可以操作数据库中的结构化数据了。

2. 学到什么程度呢

编程思想、动手能力、数据清洗和数据加工都是基础知识，必须学得足够扎实。"万地高楼平地起"正是这个道理。每一门学问都不是两三天能够完全掌握的。对于我们而言，也不需要把它学得那么透彻。

所以学习这类学问，遵循以下三句话足矣。

第一句：去其糟粕，学我所需，用我所学。

第二句：活学活用，勤于动手，温故而知新。

第三句：不恋战，不钻牛角尖，待它日，必将恍然大悟。

2.1.2　学会部署环境

要学习 SQL 语言，有三件法宝就足够了：服务端（见图 2-2）、客户端（见图 2-3）和数据。

图 2-2　服务端（来自百度百科）

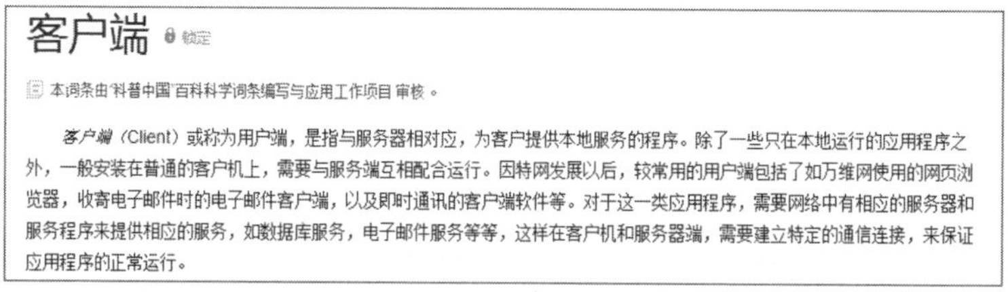

图 2-3　客户端（来自百度百科）

这里提供 Windows 环境下的安装路径，具体安装流程很简单（为了避免发生错误，SQLyog 客户端的安装位数要与 Office 的位数保持一致）。

- 服务端
  - ➢ 32 位的下载地址：http://pan.baidu.com/s/1cCEVts。
  - ➢ 64 位的下载地址：http://pan.baidu.com/s/1bYd1YQ。
- 客户端
  - ➢ 32 位的下载地址：http://pan.baidu.com/s/1mi6oU7m。
  - ➢ 64 位的下载地址：http://pan.baidu.com/s/1kVK4gOR。
  - ➢ 注册码：ccbfc13e-c31d-42ce-8939-3c7e63ed5417（名称随意）。
- 数据源
  - ➢ 练习数据的下载地址：http://pan.baidu.com/s/1s1iC0xf，密码是 md38。

启动 MySQL 服务，打开 SQLyog，设置连接数据库的参数即可登录。

1．启动 MySQL 的方法

（1）在【我的电脑】图标上右击，在弹出的快捷菜单中选择【管理】命令，进入【计算机管理】窗口。

（2）单击【服务和应用程序】的折叠栏，显示【服务】和【WMI 控件】选项。

（3）选择【服务】选项，在窗口右侧出现很多服务列表，用鼠标拖动滚动条找到【MySQL】选项，如图 2-4 所示。右击，在弹出的快捷菜单中选择【启动】命令即可完成。

图 2-4　MySQL 启动页面

2．设置 SQLyog 的参数

（1）单击【新建】按钮，设置连接 MySQL 的名称，一般默认为 local。

（2）设置【我的 SQL 主机地址】，这里为 localhost，继续设置【用户名】和【密码】，【端口号】默认选择 3306，最后单击【连接】按钮即可完成 SQLyog 的设置，如图 2-5 所示。

3．导入数据源的流程

（1）进入 SQLyog 页面，创建数据库，或者默认使用 test 数据库。

图 2-5　设置 SQLyog 页面

（2）单击菜单栏中的【数据库】的折叠栏，选择【导入】→【导入外部数据】命令。

（3）根据导入向导操作，默认单击【下一步】按钮，在数据源处选择【Excel】单选按钮，加载本地数据文件，单击【下一步】按钮。

（4）在最后过程中选择所导入的 Excel 单元格，单击【下一步】按钮直至完成操作，等待数据加载，即可完成数据导入，如图 2-6 所示。

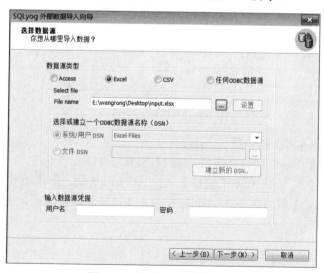

图 2-6　导入第三方数据页面

到目前为止，所有准备工作已经完成，下面就开始学习 SQL 一些常用语法的操作。

> **注:** 使用 Mac 系统的用户可以在 MySQL 的官网上下载 Mac 版本的服务端，对于客户端可以选择用 MySQL Workbench Mac 版进行安装部署。另外，对于数据源的导入，需要将 input.xlsx 转化为 CSV 文件才能成功导入 MySQL Workbench Mac 版的客户端。

2.1.3　常用的 SQL 语法（上篇）

本节围绕数据库经典的四个字：增、删、改和查进行介绍。下面主要介绍在做数据清洗和 Java Web 底层业务表管理过程中常用的操作。

导入数据以后，在 test 数据库中有一张默认表 input，它共有 6 列，列名称分别为 id、mid、sex、age、degree 和 create_ymd，相应的数据如图 2-7 所示。

	id	mid	sex	age	degree	create_ymd
☐	1	112022	男	12	本科	2016-12-19 00:00:00
☐	2	128465	女	18	博士	2016-12-19 00:00:00
☐	3	133556	男	25	博士后	2016-12-19 00:00:00
☐	4	290465	男	32	高中	2016-12-19 00:00:00
☐	5	518354	男	50	初中	2016-12-19 00:00:00
☐	6	550790	女	62	小学	2016-12-19 00:00:00

图 2-7　input 表的前 6 行数据

为了进行接下来的测试，创建一张同结构的备份表 input_base 供学习时使用。代码如下。

```
CREATE TABLE IF NOT EXISTS input_base(
id bigint(20) NOT NULL AUTO_INCREMENT ,
mid BIGINT(20) COMMENT '用户 id',
sex varchar(50) COMMENT '性别',
age int(10) COMMENT '年龄',
degree varchar(50) COMMENT '学位',
create_ymd varchar(50) ,
PRIMARY KEY (id),
INDEX mid_index(mid)
);
```

> **注:** 这里以 id 为自增主键，mid 为索引，而主键和索引基本都是标配，除了方便管理，还能增加提升效率。

1. 增

增，顾名思义就是插入数据，可以细分为全表插入数据、具体列插入数据，插入数据源可以为第三方表，也可以是简单的初始化语句。

1）从 input 查询数据并将数据插入到 input_base 中

（1）插入所有列（可以省略写列名的操作）

```
insert into input_base select * from input
```

（2）插入部分列（未插入的列，值为 NULL）

```
insert into input_base (id,mid,sex) select id,mid,sex from input
```

2）从初始化语句插入到 input_base 中

（1）插入所有列（可以省略写列名操作）

```
INSERT  INTO  input_base    VALUES  ('0','120',' 男 ','45',' 本 科
','2016-12-19');
    INSERT  INTO  input_base    VALUES  ('0','130',' 女 ','35',' 初 中
','2016-12-19');
    INSERT  INTO  input_base    VALUES  ('0','140',' 男 ','20',' 博 士 后
','2016-12-19');
```

（2）插入部分列（未插入的列，值为 NULL）

```
INSERT INTO input_base (id,MID,sex)    VALUES ('0','128485','男');
    INSERT INTO input_base (id,MID,age)    VALUES ('0','128495','35');
    INSERT INTO input_base (id,MID,degree)  VALUES ('0','128505','博士
后');
```

2. 删

删，也是围绕数据而言的，可以细分为 DROP、TRUNCATE 和 DELETE，具体的理解如下。

- 相同点
  - 它们都能删除表中的数据。
  - DROP、TRUNCATE 都是 DDL 语句（数据定义语言 Data Definition Language），执行后会自动提交。
- 差异性
  - 功能：TRUNCATE 和 DELETE 只删除数据，不删除表的结构，而 DROP

还会删除表结构和相关的依赖（索引等）。

➢ 效率：DROP 效率 ＞ TRUNCATE 效率 ＞ DELETE 效率。

➢ 安全性：在没有备份前，小心使用 DROP 和 TRUNCATE。如果涉及事务处理，最好采用 DELETE。

➢ 适用性：场景 1，想删除部分数据，使用 DELETE…WHERE…结构；场景 2，想删除表，使用 DROP 来操作；场景 3，想保留表结构，删除所有数据，使用 TRUNCATE 来操作；

➢ 效果性：DELETE 不影响表所占用的 extent，高水线（high watermark）保持原位置不动；DROP 将表所占用的空间全部释放；TRUNCATE 将空间释放到 minextents 个 extent。

使用 DROP 来删表，代码如下。

```
DROP TABLE input_base;
```

使用 DELETE 来删除部分数据，代码如下。

```
DELETE FROM input_base WHERE sex='男';
```

使用 TRUNCATE 来清空表数据，代码如下。

```
TRUNCATE TABLE  input_base;
```

3. 改

改，是使用最为频繁的操作，如在表结构上的修改、在数据上的修改，以及在数据类型上的修改等，具体使用说明如下。

1）对表结构的修改

- 新增列
  ➢ 首位。
  ➢ 末尾。
  ➢ 指定位置。

```
ALTER TABLE input_base ADD uuid  varchar(50) COMMENT '唯一标识' first;
ALTER TABLE input_base ADD num  int(10) COMMENT '文章数量';
ALTER TABLE input_base ADD amount  INT(20) COMMENT '总额' AFTER mid;
```

- 删除列

```
ALTER TABLE input_base  DROP update_ymd;
```

说明：删除 input_base 表中的 update_ymd 列。

2）对数据的修改

```
UPDATE input_base SET num = 5  WHERE sex="女";
```

说明：将性别是女的数据中 num（文章数量）的值更新为 5。

3）对数据类型的修改

```
ALTER TABLE input_base MODIFY  COLUMN degree VARCHAR(100)
ALTER TABLE input_base CHANGE degree degree VARCHAR(100);
```

4）对字段名的修改

```
ALTER TABLE input_base CHANGE degrees degree VARCHAR(100);
```

说明：将 degree 的数据类型由 VARCHAR(50)修改为 VARCHAR(100)。而 MODIFY 与 CHANGE 的差异性主要体现在写法的简洁性与应用场景上。

4. 查

对于查，比较常见的操作主要细分为对表结构、全表数据，特定列数据的查询，具体的使用说明如下。

（1）查询表结构：DESC input_base，如图 2-8 所示。

Field	Type	Comment
id	bigint(30) NOT NULL	自增ID
mid	bigint(20) NULL	用户id
sex	varchar(50) NULL	性别
age	int(10) NULL	年龄
degree	varchar(50) NULL	学位
create_ymd	varchar(50) NULL	创建时间
num	int(10) NULL	文章数量

图 2-8　查询表结构

（2）全表查询（取前 10 条数据）。

```
SELECT * FROM input_base LIMIT 10;
```

（3）特定列查询。

```
SELECT id,mid,sex  FROM input_base LIMIT 10;
```

（4）条件查询。

```
SELECT id,mid,sex FROM input_base  WHERE sex="女" LIMIT 10;
```

2.1.4　常用的 SQL 语法（下篇）

在学习前，同样需要准备好数据源，按照第 2.1.3 节介绍的方法导入数据，下载地址：http://pan.baidu.com/s/1boO8qMN。

1. 修改客户端字符集乱码

MySQL 会出现中文乱码的原因主要有以下 3 个。

- 服务端设定编码。
- 建表时编码。
- 客户端查询数据编码不匹配。

对于这个问题，可以执行下面的命令，查看 MySQL 的默认编码格式，如图 2-9 所示。

```
SHOW VARIABLES LIKE "%char%";
```

Variable_name	Value
character_set_client	utf8
character_set_connection	utf8
character_set_database	utf8
character_set_filesystem	binary
character_set_results	utf8
character_set_server	utf8
character_set_system	utf8
character_sets_dir	C:\Program Files\MySQL\MySQL Server 5.5\share\charsets\

图 2-9　MySQL 默认的编码格式

在使用 MySQL 时，不管是查询数据，还是构建表结构，总会遇到中文字符显示为乱码的问题（标志是显示很多问号）。

上述问题是由于客户端编码的不匹配造成的，甚至有时候直接通过客户端创建表和 insert 初始化数据，最后查询表数据会有很多问号。

如何匹配一致的编码规则呢？主要以 character_set_client 和 character_set_connection 的编码来确定。如果客户端显示乱码，可以使用 set names utf8/gbk 设置默认的编码格式。效果等同于同时设置以下 3 个参数的值，代码如下。表数据的正常显示，如图 2-10 所示。

```
SET character_set_client='utf8';
SET character_set_connection='utf8';
SET character_set_results='utf8';
```

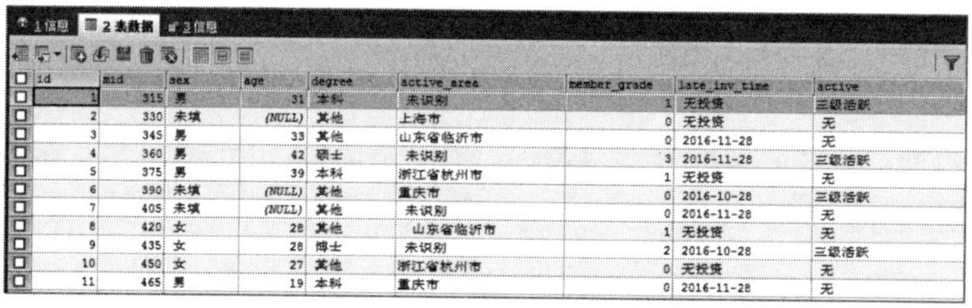

id	mid	sex	age	degree	active_area	member_grade	late_inv_time	active
1	315	男	31	本科	未识别	1	无投资	三级活跃
2	330	未填	(NULL)	其他	上海市	0	无投资	无
3	345	男	33	其他	山东省临沂市	0	2016-11-28	无
4	360	男	42	硕士	未识别	3	2016-11-28	三级活跃
5	375	男	39	本科	浙江省杭州市	1	无投资	无
6	390	未填	(NULL)	其他	重庆市	0	2016-10-28	三级活跃
7	405	未填	(NULL)	其他	未识别	0	2016-11-28	无
8	420	女	28	其他	山东省临沂市	1	无投资	无
9	435	女	28	博士	未识别	2	2016-10-28	三级活跃
10	450	女	27	其他	浙江省杭州市	0	无投资	无
11	465	男	19	本科	重庆市	0	2016-11-28	无

图 2-10　表数据的正常显示

但是解决任何问题都需要从问题的源头去处理，这样才直接有效。所以为避免中文字符显示为乱码的问题，在创建数据库和表时，要设置好参数。

创建数据库的代码如下。

```
CREATE DATABASE ‘test’
CHARACTER SET 'utf8'
COLLATE 'utf8_general_ci';
```

创建表结构的代码如下。

```
CREATE TABLE `input_user_base` (
  `id` bigint(30) NOT NULL AUTO_INCREMENT COMMENT '自增ID',
  `mid` bigint(20) DEFAULT NULL COMMENT '用户id',
  `sex` varchar(50) DEFAULT NULL COMMENT '性别',
  `age` int(10) DEFAULT NULL COMMENT '年龄',
  `degree` varchar(50) DEFAULT NULL COMMENT '学位',
  `active_area` varchar(255) DEFAULT NULL COMMENT '活跃区域',
  `member_grade` int(11) DEFAULT NULL COMMENT '会员等级',
  `late_inv_time` varchar(255) DEFAULT NULL COMMENT '最近登录时间',
  `active` varchar(255) DEFAULT NULL COMMENT '活跃度',
  `city_change` varchar(255) DEFAULT NULL COMMENT '城市变化',
  `create_ymd` varchar(50) DEFAULT NULL COMMENT '创建时间',
  PRIMARY KEY (`id`),
  INDEX `mid_index` (`mid`)
) ENGINE=InnoDB AUTO_INCREMENT=101 DEFAULT CHARSET=utf8
```

设置好后，就不会出现显示乱码的问题了。

2. 如何理解索引

索引是针对数据所建立的目录，它可以加快查询速度，但降低了增、删、改操作的速度。

创建索引的原则主要有以下 3 个。

- 不要过度创建索引。
- 在查询最频繁的列上增加索引。
- 如果构建索引，这一列尽量是离散值，而不要是过于连续的区间。

索引主要有以下 3 个类型。

- 普通索引：index 的作用仅仅是加快查询速度。
- 唯一索引：unique index 行上的值不能重复。
- 主键索引：primary key 不能重复。

需要注意的是，主键必唯一，但是唯一索引不一定是主键。在一张表上，只能有一个主键，但是可以用一个或多个唯一索引。

查看一张表上所有索引的代码如下。

```
Show index from input_user_base;
```

查询结果如图 2-11 所示。

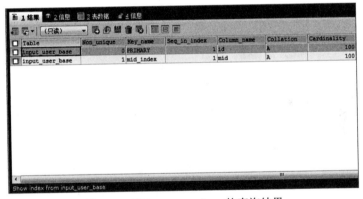

图 2-11 表 input_user_base 的查询结果

3．学会模糊查询

在数据库及 Hive 的数据仓库查询中，肯定会有对中文字符的查询，如用户的省份区域。对于这类字符的查询，经常使用模糊查询。模糊查询主要细分为以下两种。

- %通配任意字符。
- _通配单个字符。

select * from input_user_base where active_area like '%省%'; 查询结果如图 2-12 所示。

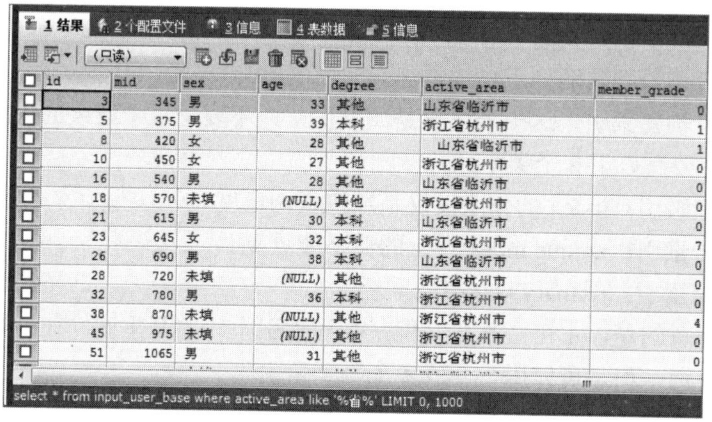

id	mid	sex	age	degree	active_area	member_grade
3	345	男	33	其他	山东省临沂市	0
5	375	男	39	本科	浙江省杭州市	1
8	420	女	28	其他	山东省临沂市	1
10	450	女	27	其他	浙江省杭州市	0
16	540	男	28	其他	山东省临沂市	0
18	570	未填	(NULL)	其他	浙江省杭州市	0
21	615	男	30	本科	山东省临沂市	0
23	645	女	32	本科	浙江省杭州市	7
26	690	男	38	本科	山东省临沂市	0
28	720	未填	(NULL)	其他	浙江省杭州市	0
32	780	男	36	本科	浙江省杭州市	0
38	870	未填	(NULL)	其他	浙江省杭州市	4
45	975	未填	(NULL)	其他	浙江省杭州市	0
51	1065	男	31	其他	浙江省杭州市	0

select * from input_user_base where active_area like '%省%' LIMIT 0, 1000

图 2-12　模糊查询的通配前后任意字符

select * from input_user_base where active_area like '%市'; 查询结果如图 2-13 所示。select * from input_user_base where active_area like '_市'; 查询结果如图 2-14 所示。

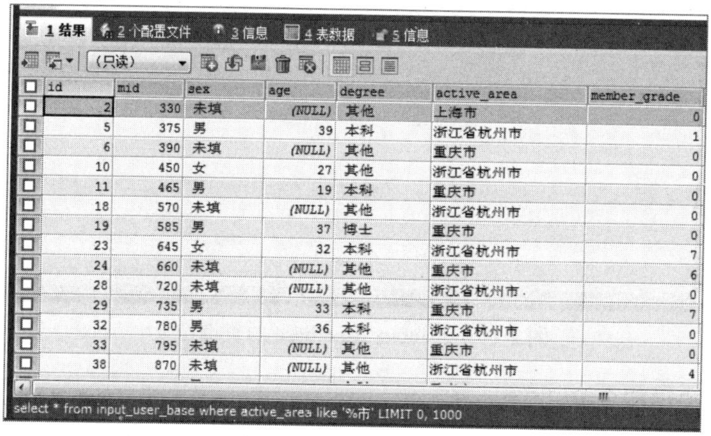

id	mid	sex	age	degree	active_area	member_grade
2	330	未填	(NULL)	其他	上海市	0
5	375	男	39	本科	浙江省杭州市	1
6	390	未填	(NULL)	其他	重庆市	0
10	450	女	27	其他	浙江省杭州市	0
11	465	男	19	本科	重庆市	0
18	570	未填	(NULL)	其他	浙江省杭州市	0
19	585	男	37	博士	重庆市	0
23	645	女	32	本科	浙江省杭州市	7
24	660	未填	(NULL)	其他	重庆市	6
28	720	未填	(NULL)	其他	浙江省杭州市	0
29	735	男	33	本科	重庆市	7
32	780	男	36	本科	浙江省杭州市	0
33	795	未填	(NULL)	其他	重庆市	0
38	870	未填	(NULL)	其他	浙江省杭州市	4

select * from input_user_base where active_area like '%市' LIMIT 0, 1000

图 2-13　模糊查询的通配前任意字符

4．理解 count 的使用

count 的主要功能是计数。我们要分析的不仅仅是这一点，而是关于 count(*)、count(1)和 count(列名)三者的区别。

select count(*),count(1),count(age) from input_user_base；查询结果如图 2-15 所示。

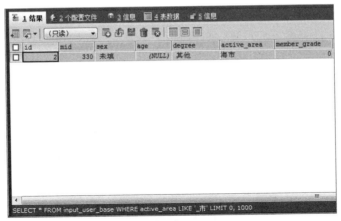

图 2-14 模糊查询的通配单个字符

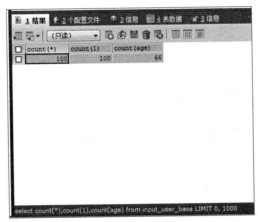

图 2-15 input_user_base 的查询结果

对于 myisam 引擎的表是没有区别的（这种引擎内部有一个计数器在维护着行数），而 Innodb 引擎用 count(*)直接读行数，无论表的列中包含的是空值（NULL）还是非空值。使用 count(age)对特定列中具有值的行进行计数，忽略 NULL 值。

5. 理解 union 和 union all 的区别

union 用于合并两个或多个 SELECT 语句的结果集。要注意以下 3 点。

- SELECT 语句必须拥有相同数量的列。
- 列也必须拥有相似的数据类型。
- 每条 SELECT 语句中的列的顺序必须相同。

```
SELECT mid,sex,age FROM input_user_base
```

```
UNION
SELECT mid,sex,age FROM input2
```

查询结果如图 2-16 所示。

注： UNION 操作符选取不同的值。如果允许重复的值，使用 UNION ALL。

```
SELECT mid,sex,age FROM input_user_base
UNION ALL
SELECT mid,sex,age FROM input2
```

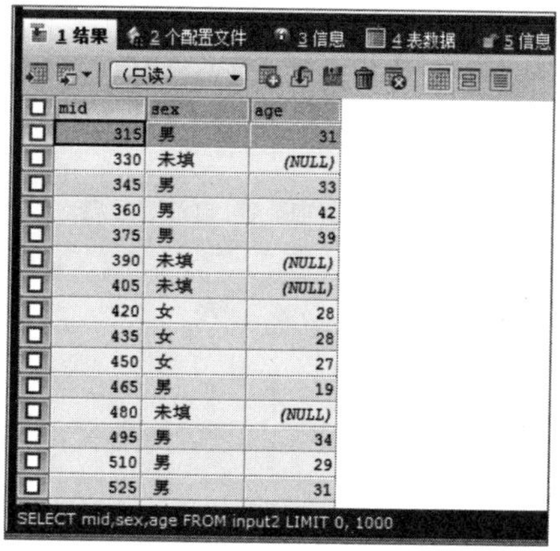

mid	sex	age
315	男	31
330	未填	(NULL)
345	男	33
360	男	42
375	男	39
390	未填	(NULL)
405	未填	(NULL)
420	女	28
435	女	28
450	女	27
465	男	19
480	未填	(NULL)
495	男	34
510	男	29
525	男	31

图 2-16　去重后的合并结果

另外，union all 后结果集可以进行排序，代码如下。

```
SELECT mid,sex,age FROM input_user_base
UNION ALL
SELECT mid,sex,age FROM input2 order by mid
```

查询结果如图 2-17 所示。注意 order by 是针对合并后的结果集进行的排序。

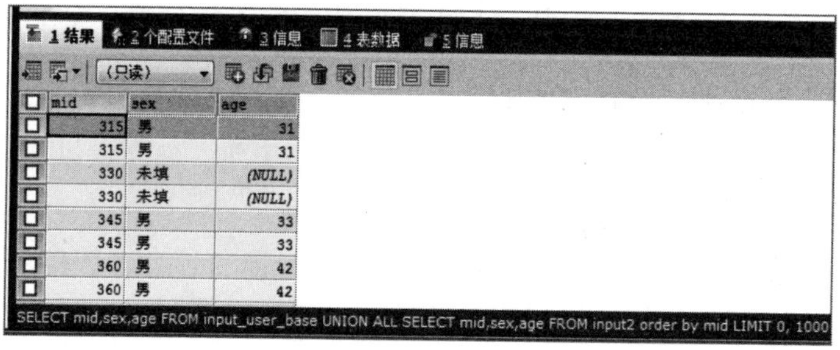

mid	sex	age
315	男	31
315	男	31
330	未填	(NULL)
330	未填	(NULL)
345	男	33
345	男	33
360	男	42
360	男	42

图 2-17　排序后的结果

6．理解 order by 的使用

对于 MySQL 排序而言，在很多数据查询的场景，当最终结果集出来后，仍然可以进行排序，从而得到更想要的输出，代码如下。

```
select mid,sex,age from input_user_base order by mid
```

默认是采取增序排列，如果想按降序排列，可修改 order by mid desc。对于多字段排序也很容易，代码如下。

```
SELECT MID,age,sex  FROM input_user_base  ORDER BY MID DESC,age ASC
LIMIT 10
```

这里的 LIMIT 在语句的最后，起到限制条目的作用。对于多字段排序，它会在第一个字段排序的基础上，进行二次排序，甚至是三次排序（在学习 MapRedcue 时有实战操作二次排序的机会）。

7．理解 Having 的使用

在 SQL 中增加 Having 子句的原因是由于 Where 无法与聚合函数一起使用，代码如下。

```
select mid,count(member_grade) as num from input_user_base group by
mid having(num)>=1
```

查询结果如图 2-18 所示。

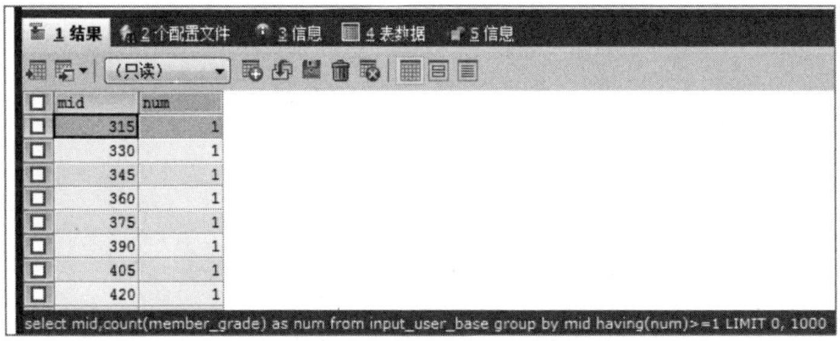

图 2-18　对用户会员等级计数筛选

8．理解 Join 系列（左连接、内连接和外连接）

```
LEFT JOIN
```

顾名思义，是从左表那里返回所有的行，不考虑右表是否存在相同的 key，记录行数以左表为准，右表没对应上的默认为 NULL。

```
SELECT s1.mid,s1.age,s1.sex,s2.mid,s2.age,s2.sex
FROM input2 AS s1
LEFT JOIN input_user_base AS s2 ON (s1.mid=s2.mid)
```

两张表是以 mid 作为关联 key，数据查询以 input2 为准。左边的这张表在查询后，数据不会发生任何变化（数据和数值）。而右边这张表 input_user_base，会根据 mid 对应 input2 表的 mid 值，如图 2-19 所示。

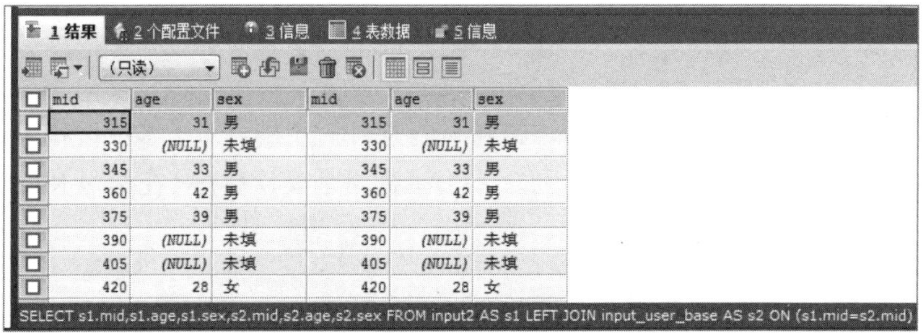

mid	age	sex	mid	age	sex
315	31	男	315	31	男
330	(NULL)	未填	330	(NULL)	未填
345	33	男	345	33	男
360	42	男	360	42	男
375	39	男	375	39	男
390	(NULL)	未填	390	(NULL)	未填
405	(NULL)	未填	405	(NULL)	未填
420	28	女	420	28	女

图 2-19　简单的样式

上面介绍的是最简单的场景，左表和右表的 key 键 mid 都只是一对一的关系。大家可以思考下面三个场景，同样是在上述左表关联中。

（1）如果 input1 中的同一个 mid 出现多个行，而 input_user_base 中 mid 都是唯一值，这种查询最后的数据总量如何呢？如图 2-20 所示。

NO.1

表名：input1

mid	task_id
11	1
11	1
22	2
33	3
33	3
33	3
44	4

表名：input_user_base

mid	age
11	1
33	3
55	5
66	6
77	7
88	8
99	9

图 2-20　场景 1 的表关联

（2）如果 input2 中的同一个 mid 出现唯一值，而 input_user_base 中 mid 出现多个行，这种查询最后的数据总量又如何呢？如图 2-21 所示。

（3）如果 input3 中的同一个 mid 出现多个行，而 input_user_base 中 mid 也出现多个行，这种查询最后的数据总量又如何呢？如图 2-22 所示。

表名：input2		NO.2	表名：input_user_base	
mid	age		mid	task_id
11	1		11	1
33	3		11	1
55	5		22	2
66	6		33	3
77	7		33	3
88	8		33	3
99	9		44	4

图 2-21　场景 2 的表关联

表名：input3		NO.3	表名：input_user_base	
mid	age		mid	task_id
11	1		11	1
11	1		11	1
11	1		22	2
66	6		33	3
44	4		33	3
44	4		33	3
99	9		44	4

图 2-22　场景 3 的表关联

对于 INNER JOIN、RIGHT JOIN 和 FULL JOIN 都是同一个道理。

> **注**：在某些数据库中，左连接又称 LEFT OUTER JOIN。一般在大数据生态圈的 Hive 中使用，都会默认为 LEFT OUTER JOIN。

学习 SQL 的内容，是为了让更多初学者以及入门者快速掌握 SQL 的实际应用场景，以及对数据思维能力的培养。这里提供了一个业务实践题目，读者可以下载进行练习。

业务实践题目地址：http://pan.baidu.com/s/1c2ERllQ（密码：74a8）。

参考答案地址：http://pan.baidu.com/s/1hrDMSYC（密码：txij）。

在进入大数据生态圈之前，所有应该掌握的基本知识，不管是 Python 系列，还是 SQL 系列，都是为了让大家能够培养基本编程能力、动手能力、简单数据分析能力和数据处理能力。接下来就介绍 Python 的一些入门知识。

2.2　在 Windows 7 操作系统上搭建 IPython Notebook

2.2.1　学习 Python 的初衷

我以前也是从学习 Python 开始真正学习编程的，通过 Python 了解了函数、循环、判断、基本数据类型和异常处理等。在大数据挖掘这条路上，如果你缺乏一定的编程能力和数据处理能力，我建议先学习 Python，或许能够较快入门。

毕竟编程原理都是相同的，有了这个基础再学习 Java、MapReduce 和 Scala 也容易很多。我支持入门者先接触 Python，是为了快速理解常用编程的一些思想和写法结构，以及能够做一些简单的数据分析，了解一个数据处理流程。

对于 Python，学到什么程度就可以了呢？我一直和身边的朋友说，不要恋战。对于数据处理来说，把《利用 Python 进行数据分析》这本书多学几遍，就差不多了。而对于 Python 编程的介绍，推荐《Python 基础教程（第 2 版）》这本书，把基本的语法学完也就差不多了。

最后奉劝大家一句，别恋战，大数据生态圈的东西，还有很多值得研究的，Python 能够让你入门编程和做简单的数据分析就足够了。

2.2.2 搭建 IPython Notebook

Notebook 是网页版 IPython 封装，但是可以展现富文本，使得整个工作可以以笔记的形式展现、存储，对于交互编程，学习非常方便。

我当初学习 Python，完全没用任何 IDE，配合 cmd、IPython Notebook 和 notepad++就足够了，毕竟就是简单的小程序。

下面讲一下安装步骤。

（1）安装 Python 和 IPython。

（2）安装 pyreadline，只有 Windows 平台需要安装它（下载地址：http://pypi.Python.org/pypi/pyreadline）。

（3）安装 pyzmq，Notebook（最新下载地址：http://pypi.Python.org/pypi/pyzmq）。安装文件可能是 egg 格式的，需要安装 easy_install。

（4）安装 Tornado，因为 Notebook 是基于 Web 的。因此需要一个 Web Server，官方用的是 Tornado（最新下载地址：http://www.tornadoweb.org/）。

（5）安装 MathJax，IPython 的一大特点就是支持科学计算，为了能够方便地显示数学符号、公式，需要 MathJax 的支持。

安装很简单，打开一个 IPython 的 shell，然后输入如下代码。

```
from IPython.external.mathjax import install_mathjaxinstall_mathjax()
```

通过上述安装步骤，就可以在 cmd 中启动 IPython Notebook 了，但是可能会报一些小错误，例如找不到类方法。

比如运行 IPython.exe Notebook 会显示报错，如下所示。

from jinja2 import Environment, FileSystemLoader

ImportError: No module named jinja2

此时重新安装 pip install jinja2 即可。

2.2.3　IPython.exe Notebook 的使用说明

IPython.exe notebook 的展示页面，如图 2-23 所示。

图 2-23　IPython Notebook 的展示页面

IPython Notebook 的输入页面，如图 2-24 所示。

图 2-24　IPython Notebook 的输入页面

输入程序以后，按"Shift+Enter"组合键就可以运行程序了。

2.2.4　配置 IPython Notebook 远程调用

配置 IPython Notebook 远程调用是为了通过远程能够访问本机上的 IPython Notebook，具体配置步骤如下。

（1）下载两个插件：Win32 OpenSSL v1.0.1c Light 和 Visual C++ 2008 Redistributable。

先安装 Visual C++ 2008 Redistributable，再安装 Win32 OpenSSL v1.0.1c Light。在安装过程中，遇到"select additional tasks"下面的选项时，最好选择第二个选

项"The OpenSSL binaries(/bin) directory"。

在电脑的 C 盘会生成一个名称为 OpenSSL-Win32 的文件夹，最后还需要将 C:\OpenSSL-Win32\bin 添加到你的 PATH 环境变量中。

（2）为服务器创建配置文件。

在最初的目录 C：输入命令行 ipython profile create nbserver。

这样就会在 C:\Users\Administrator.ipython 下生成一个 profile_nbserver 文件夹，保存服务器的配置信息。进入该文件夹，用编辑器打开 ipython_notebook_config.py 文件，编辑详细的配置信息。

（3）生成 SSL 证书。

在之前进入的目录中输入（当然可以在任意目录中）如下代码。

```
openssl req -x509 -nodes -days 365 -newkey rsa:1024 -keyout mycert.pem
-out mycert.pem
```

接下来会提示让你输入国家、城市、地区、姓名、邮箱等信息，最后就在之前的目录生成了 mycert.pem。

（4）生成 IPython 其配置文件中使用的加密密码。

```
In [1]: from IPython.lib import passwd
In [2]: passwd()
Enter password:
Verify password:
Out[2]: 'sha1:0e422dfccef2:84cfbcb b3ef95872fb8e23be3999c123f862d856
```

记住设置的登录密码和 Out 输出的钥匙，后期会用到。

（5）修改配置文件。

profile_nbserver 文件夹下的 ipython_notebook_config.py 文件，用编译器打开它进行内容的修改，注意是格式为.py 的文件，要控制好语句缩进。

主要修改的内容如图 2-25 所示。

```
# This starts plotting support always with matplotlib
c.IPKernelApp.pylab = 'inline'
# And if using a Windows VM:
c.NotebookApp.certfile = r'C:\\Users\\Administrator.PC-20140808ESPB\\.ipython\\profile_nbserver\\mycert.pem'
#注意是在windows环境下, 路径篇\\
#Create your own password as indicated above
c.NotebookApp.password = u'sha1:0e422dfccef2:84cfbcb b3ef95872fb8e23be3999c123f862d856'

# Network and browser details. We use a fixed port (9999) so it matches
# our Windows Azure setup, where we've allowed traffic on that port
c.NotebookApp.ip = '*'
c.NotebookApp.port = 9999
c.NotebookApp.open_browser = False
```

图 2-25　配置文件修改的部分

可以通过编译器的查找功能快速定位从而进行修改，快捷键为"Ctrl+F"。

（6）运行 IPython Notebook。

在 cmd 中执行 IPython Notebook --profile=nbserver 命令就可以通过地址：https://电脑 IP 地址:9999/，访问你的 IPython Notebook 了。

注：IP 地址的获取，是在 cmd 命令行输入 ipconfig，即可看到如图 2-26 所示的界面。

登录页面如图 2-27 所示。

图 2-26　查看 IP 地址

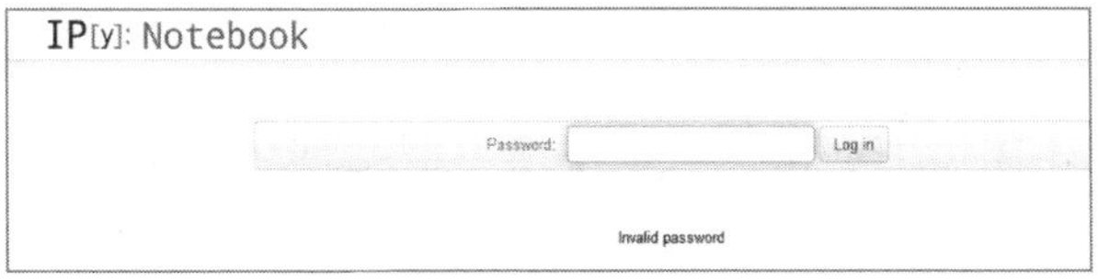

图 2-27　登录页面

修改配置和登录密码（如果有需要）。

（1）在 root 权限下输入命令 Python -c "import IPython;print IPython.lib. passwd()"，以生成新的密码。

（2）输入两次新的密码后，系统会为新的密码生成 SHA 串。

```
Enter password:
Verify password:
sha1:a83146285fe2:5288dfeb3a6a88cf46028af16992fadce...//(安全原因略去)
```

（3）编辑配置文件。

```
vim /root/.iPython/profile_nbserver/ipython_notebook_config.py
```

（4）修改密码项。

```
c.NotebookApp.password  =  u'sha1:a83146285fe2:5288dfeb3a6a88cf-
46028af16992fadce...'
```

（5）重新启动服务。

```
iPython Notebook --profile=nbserver
```

密码修改完成。

以上就是 IPython notebook 在 Windows 操作系统上的部署过程，也是我曾经在学习 Python 入门时所积累下的笔记。当初在手动部署这个环境时，市面上还没有轻量级的 Python 工具可供使用，所以为了方便学习，部署流程会显得烦琐。但现在只需要到 Anaconda 官网（https://www.continuum.io/downloads/）上下载并安装该软件，就直接可以使用自带的 IPython Notebook 了。

需要注意的是，安装软件的目录，要保证全英文路径。避免在安装以及使用时出现一些问题。在 IPython Notebook 启动时，如果提示编码异常（UnicodeDecodeError: 'ascii' codec can't decode byte 0xa1 in position 36: ordinal not in range(128)），可以进行如下操作。

（1）利用 NotePad++创建一个 Python 文件，将它命名为 sitecustomize.py，注意格式设置为 UTF-8 且无 BOM 格式编码，代码如下。

```
import sys
sys.setdefaultencoding('gbk')  #如果不行，再设置为 UTF-8
```

（2）将文件保存并移动到\Anaconda2\Lib\site-packages 目录下，然后重新启动 IPython Notebook。

2.3 快速掌握 Python 的基本语法

本节主要讲解 Python 常用的一些基本语法，便于读者对 Python 有一个全面的认识。

1．Python 官方手册

Python 官方手册的下载地址为 https://docs.Python.org/3/tutorial/controlflow.html#defining-functions。

2．初步理解 Python 语言

Python 是一个强大的面向对象语言，它把编程范式推向了顶峰。它的变量是引用，即实际变量的内存地址。

这意味着 Python 的函数永远以传址的方式工作（这里使用了一个 C/C++术语），当调用一个函数时，并不是复制了一份参数的值来替换占位符，而是把占位符指向了变量本身。这就产生了一个非常重要的结果，可以在函数内部改变这个

变量的值。

3．常用数据类型

常用数据类型有列表（list）、元组（tuple）。

4．匿名函数 lambda 的使用（这是函数式编程的思想）

lambda 就是没有名字的函数，简便实用，格式如下。

```
def f(x):
  return x+1
```

这样调用函数是 f(4)，而下面是使用匿名函数的。

```
g =lambda x:x+1
```

这样使用 g(4)。

5．函数式编程的思想

它是继面向对象编程后的编程主流规范，它是一种编程范式，也就是如何编写程序的方法论，属于结构化编程的一种，主要思想是把运算过程尽量写成一系列嵌套的函数调用。简单来说，就像数学中的公式调用。

案例：表达式为$(1 + 2) \times 3 - 4$。

传统编程代码如下。

```
In [1]: a = 1 + 2
In [2]: b = a * 3
In [3]: c = b - 4
In [4]: print(c)
Out[4]: 5
```

函数式编程要求使用函数，可以把运算过程定义为不同的函数，然后写成如下形式。

```
In [5]: def add(parm1 , parm2):
            return parm1 + parm2
In [6]: def multiply(parm3 , parm4):
            return parm3 * parm4
In [7]: def subtract(parm5 , parm6):
            return parm5 - parm6
In [8]: result = subtract(multiply(add(1,2), 3), 4)
In [9]: print(result)
```

```
Out[9]: 5
```

6. 函数式编程的特点

函数式编程的特点有以下 5 点。

（1）函数的定位很重要。

（2）只用表达式，不用语句。

- 表达式（Expression）是一个单纯的运算过程，总是有返回值。
- 语句（Statement）是执行某种操作，没有返回值。

函数式编程要求，只使用表达式，不使用语句。也就是说，每一步都是单纯的运算，而且都有返回值。产生这种要求的原因是函数式编程的开发动机，一开始就是为了处理运算（Computation），不考虑系统的读写（这就是 Spark 迭代式计算的一方面）。

语句属于对系统的读写操作，所以就被排斥在外。当然，在实际应用中，不做 I/O 是不可能的。因此在编程过程中，函数式编程只要求把 I/O 限制到最小，不要有不必要的读写行为，保持计算过程的单纯性。

（3）没有副作用（这里都是 Scala 编程的思想）。

所谓"副作用（side effect）"，指的是函数内部与外部互动（最典型的情况就是修改全局变量的值），产生运算以外的其他结果。函数式编程强调没有"副作用"，意味着函数要保持独立，所有功能就是返回一个新的值，没有其他行为，尤其是不得修改外部变量的值。

（4）不修改状态。

函数式编程只是返回新的值，不修改系统变量。因此，不修改变量，也是它的一个重要特点。在其他类型的语言中，变量往往用来保存状态（state）。不修改变量，意味着状态不能保存在变量中。函数式编程使用参数保存状态，最好的例子就是递归。

（5）引用透明。引用透明指函数的运行不依赖于外部变量或状态，只依赖于输入的参数，任何时候只要参数相同，引用函数所得到的返回值总是相同的。

7. 函数式编程使用的意义

（1）代码简洁，方便开发。

（2）接近自然语言，容易理解。

（3）更方便代码管理。

（4）易于"并发编程"。

（5）代码热升级。

8. 关于 Python 可变默认参数的使用

案例：

```
def append_to(element,to=[]):
    to.append(element)
    return to
```

函数应用：

```
my_list=append_to(12)
print my_list
my_other_list=append_to(42)
print my_other_list
```

输出结果：

```
[12][12, 42]
```

修改函数可变默认参数：

```
def append_to(element,to=None):
    If to is None:
        to=[]
    to.append(element)
    Return to
```

输出结果：

```
[12][42]
```

9. 关于 Python 的全局变量定义 global

案例 1（注意代码的缩进，函数体没有大括号包围）：

```
def global_name1():
    global x
    print 'x is ',x
    x=2
    print 'change x is to',x
```

函数应用：

```
x=50
```

```
global_name1()
print 'change x is to',x
```

输出结果：

```
x is  50
change x is to 2
change x is to 2
```

案例 2：

```
def global_name2():
    global x
    print 'x is ',x
    x=2
    print 'change x is to',x
```

函数应用：

```
x=50
global_name2()
print 'change x is to',x
```

输出结果：

```
x is  50
change x is to 2
change x is to 50
```

10．查看函数文档

在 Python 中会经常查看函数方法的文档，其中__doc__为文档字符串，使用方式是函数名.__doc__（注意是两个下画线）。代码如下所示。

```
In [1]: import math
In [2]: math.__doc__
Out[2]: 'This module is always available. It provides access to
the\nmathematical functions defined by the C standard.'
```

11．关于.pyc 和.pyo 文件的说明

.pyc 文件是 Python 编译后的字节码（Bytecode）文件，可以实现源码隐藏。而.pyo 文件是 Python 编译优化后的字节码文件，针对嵌入式系统，把需要的模块编译成.pyo 文件可以减少容量。有一点需要说明：Python 并非完全是解释性语言，

它是有编译的，先把源码 py 文件编译成.pyc 或者.pyo 文件，然后由 Python 的虚拟机执行。

相对于 py 文件来说，编译成.pyc 文件和.pyo 文件本质上和 py 文件没有太大区别，只是对于这个模块来说加载速度提高了，而并没有提高代码的执行速度。

通常情况下不用主动编译.pyc 文件，文档上说只要调用了 import model，那么 model.py 就会先编译成.pyc 文件然后加载。

12．关于 from ..import ...和 import ..的使用区别

如果想直接输入变量名，而不用重复输入函数名，就可以使用 from ..import…，案例如下。

- 场景 1：from math import sqrt

以后就可以直接输入 sqrt 这个变量。

- 场景 2：from math import *

以后只要是 math 函数下面的变量，都可以直接输入。

- 场景 3：import math as math

应多用这样的方式，这样更加易读，而且避免变量名冲突。

13．关于__name__ = '__main__' 的作用及其使用方法

首先注意是两个下画线！有以下两点需要讨论。

（1）脚本模块既可以导入到别的模块中用，也可自己执行。

如果直接执行某个.py 文件，那么该文件中"name == 'main'"是 true。

如果从另外一个.py 文件通过 import 导入该文件，则__name__的值就是我们这个 py 文件的名字，而不是__main__。

（2）这个功能还有一个用处：在调试代码时，在"if name == 'main'"中加入一调试代码，可以让外部模块调用时不执行我们的调试代码，但是如果想排查问题的时候，直接执行该模块文件，调试代码能够正常工作。

14．关于 dir()函数的使用说明

```
In [3]: li = []
In [4]: dir(li)
Out [4]: ['append', 'count', 'extend', 'index', 'insert','pop',
'remove', 'reverse', 'sort']
In [5]: d = {}
In [6]:  dir(d)
```

```
  Out [6]: ['clear', 'copy', 'get', 'has_key', 'items', 'keys',
'setdefault']
  In [7]: import odbchelper
  In [8]: dir(odbchelper)
  Out [8]: ['__builtins__', '__doc__', '__file__', '__name__',
'buildConnectionString']
```

解读 1：li 是一个列表，所以 dir(li)返回一个包含所有列表方法的列表。注意返回的列表只包含了字符串形式的方法名称，而不是方法对象本身。

解读 2：d 是一个字典，所以 dir(d)返回字典方法的名称列表。

解读 3：odbchelper 是一个模块，所以 dir(odbchelper) 返回模块中定义的所有部件的列表，包括内置的属性，例如__name__、__doc__，以及其他所定义的属性和方法。

15. 关于 type()函数和 str()函数的使用

type()函数返回任意对象的数据类型。str()将数据强制转换为字符串。每种数据类型都可以强制转换为字符串。

16. 关于 Python 的格式化输出

Python 一共有两种格式化输出的方法。

（1）格式表达

```
In [9]: '%s %d-%d' % ('hello', 7, 1)
Out [9]: 'hello 7-1'
```

添加浮点数的精度：

```
In [10]: '%.3f' % 1.234567869
Out [10]: '1.235'
```

用参数指定浮点数的精度：

```
for i in range(5):
    '%.*f' % (i, 1.234234234234234)
```

输出结果：

```
'1'
'1.2'
'1.23'
'1.234'
```

```
'1.2342'
```

（2）字符串格式化方法调用

```
In [11]:  '{0} {1}:{2}'.format('hello', '1', '7')
Out [11]:   'hello 1:7'
```

用参数指定浮点数的精度：

```
In [12]: for i in range(5):
    '{0:.{1}f}'.format(1 / 3.0, i)
```

输出结果：

```
'0'
'0.3'
'0.33'
'0.333'
'0.3333'
```

格式化字符串中访问对象属性和字典键值：

```
In [13]: 'My {1[kind]} runs {0.platform}'.format(sys, {'kind': 'pc'})
Out [13]: 'My pc runs Linux'
In [14]: 'My {map[kind]} runs {sys.platform}'.format(sys=sys,
map={'kind': 'pc'})
Out [14]: 'My pc runs Linux'
```

在格式化字符串中通过下标（正整数）访问 list 元素：

```
In [15]: somelist = list('SPAM')
In [16]: 'first={0[0]}, third={0[2]}'.format(somelist)
Out [16]: 'first=S, third=A'
In [17]: 'first={0}, last={1}'.format(somelist[1], somelist[-1])
Out [17]: 'first=P, last=M'
In [18]: parts = somelist[0], somelist[-1], somelist[1:-1]
In [19]: 'first={0}, last={1}, middle={2}'.format(*parts)
Out [19]: "first=S, last=M, middle=['P', 'A']"
```

17．关于 Python 中 json 的使用

要在 Python 中使用 json，需要引用 json，格式如下。

```
import json
```

18．关于 Python 中的数学

Python 中的 nan 是一个特殊值的写法，意思就是"not a number"。而对于负

数求平方根，如果使用以下代码：

```
In [20]: import math
In [21]: math.sqrt(-1)
```

则会报错，所以需要使用以下代码：

```
In [22]: import cmath
In [23]: cmath.sqrt(-1)
```

19．关于 Python 中的字符串

原始字符串 r，用来输入。

```
In [24]: print r'Let\'s go!'
Out [24]: Let\'s go!
```

不能在原始字符串结尾输入反斜线。换句话说，原始字符串最后的一个字符不能是反斜线，除非对反斜线进行转义。

2.4　用 Python 搭建数据分析体系

上述内容主要是讲解 Python 的环境部署和一些常用的 Python 语法。如果你也正好在学习 Python，或者准备学习 Python，那就一起动动手，快速地利用两三周的时间，把数据挖掘相关的基础打扎实。

2.4.1　构建的初衷

目前绝大多数公司的数据分析体系比较单一，如果数据分析人员要做一份专题业务报告，需要进行以下 6 个步骤。

（1）规划专题业务分析方向或者数据需求。

（2）梳理业务体系，确定数据的来源。

（3）在集群环境编写 HQL 进行数据查询、数据下载和数据清洗，才能将需要分析的数据存放在 Excel 或 SPSS 中进行分析处理。

（4）通过 Excel 进行简单的数据统计分析、数据透视应用、简单的统计函数使用及图标描述。

（5）如果涉及深层点，需要导入数据到 SPSS 中进行聚类分析、相关性分析，

以及缺失值和异常值处理等。

（6）将分析数据报告或者数据需求，通过邮箱发送给业务方。

以上分析体系，存在以下 3 点不足。

（1）公司线上生产环境有安全限制，导致数据采集需要登录到集群环境进行下载和清理，长期以来，耗费分析人员的时间。

（2）对于应用的数据分析工具，无论 Excel 还是 SPSS，都是比较基础级的分析工具，而且功能各有所长。因此，需要变化不同的数据分析工具，而针对这一点，完全可以使用 Python 替代，甚至使用更深层次的应用。

（3）对于每次数据提供的途径，通过邮箱处理，会耗费分析人员的时间，用 Python 可以做到自动发送邮件。

2.4.2　构建思路

从 Hive 中清洗加工业务数据，每天通过使用 Sqoop 工具同步数据到 MySQL 中。再通过 Python 调用 MySQL 中的数据进行分析，需要用到的工具有 IPython Notebook、Pandas、NumPy、MySQLdb、E-mail 等。

> **提示：**如果集群开放 Hive Server 2 端口，可以通过 Python 直接查询集群数据，这样就不用同步导入 MySQL 了。

2.4.3　开发流程

（1）梳理业务逻辑，在集群环境中编写 Hive 脚本，定时加工数据，再同步到 MySQL 中。

（2）运行 IPython Notebook，利用 Python 关联 MySQL 数据库，调取需求数据。

```
In[1]: import select_data
```

这样数据就存储在 alldata 中了，直接调用 alldata 即可。其中函数方法如下。

```
def select_data():
  try:
    conn=MySQLdb.connect(host='',user='',passwd='',db='',charset=
'utf8')
  except Exception,e:
    print e
    sys.exit()
```

```
cursor=conn.cursor()
x =raw_input("输入 sql 的查询语句")
sql=x.decode('gbk')
cursor.execute(sql)
alldata=cursor.fetchall()
conn.commit()
cursor.close()
conn.close()
return alldata
```

（3）循环导入数据，利用 pandas 库进行分析。

```
In[2]: df = pd.DataFrame( [[ij for ij in i] for i in alldata] )
```

（4）更新数据属性、更新列名，IPython Notebook 显示结果如图 2-28 所示。

```
In[3]: df.rename(columns = {0:'',1:'',2:'',3:''}, inplace=True)
```

In [163]:	df3			
Out[163]:	**完成时间**	**行业**	**一级类目**	**托管金额**
0	2014-12-01	动画视频	影音服务	100
1	2014-12-01	动画视频	影音服务	12000
2	2014-12-01	动画视频	影音服务	10
3	2014-12-01	动画视频	动漫设计	NaN

图 2-28　IPython Notebook 显示结果

（5）进行数据分析（用 Python 做 Excel 和 SPSS 做的事）。

对于数据的分析，主要有以下几种方式。

① 排序（升序和降序），如图 2-29 所示。

In [164]:	df3.sort(['托管金额'], ascending=(0))			
Out[164]:	**完成时间**	**行业**	**一级类目**	**托管金额**
1	2014-12-01	动画视频	影音服务	12000
0	2014-12-01	动画视频	影音服务	100
2	2014-12-01	动画视频	影音服务	10
3	2014-12-01	动画视频	动漫设计	NaN

图 2-29　排序（升序和降序）

注：ascending=(0)为降序；ascending=(1)为升序。

② 查看前 TopN、后 TopN 的数据，如图 2-30 所示为取前两名数据。

图 2-30　取前两名数据

> **注：** df.tail(10)取后十个数。

③ 一些基本功能的使用。

- 选择某列数据（类似 SQL 中的 Select 功能），如图 2-31 所示。

In [19]:	df[['行业','成交时间','成交金额']].head(10)		
Out[19]:	**行业**	**成交时间**	**成交金额**
0	平面设计	2014-08-01	100
1	平面设计	2014-08-01	900
2	开发建站	2014-08-01	1

图 2-31　选择某列数据

- 进行条件判断（类似 SQL 中的 Where 功能），如图 2-32 所示。

In [77]:	df4[(df4['行业']=='平面设计')&(df4['托管金额']>100)]					
Out[77]:	**行业**	**一级类目**	**二级类目**	**成交时间**	**托管金额**	**成交金额**
1	平面设计	平面设计	品牌设计	2014-08-01	900	900
4	平面设计	其他	其他	2014-09-01	120	120
7	平面设计	平面设计	品牌设计	2014-08-01	500	500

图 2-32　进行条件判断

> **注：** 以上介绍的功能就像 SQL 里面的 and 和 or 的功能。

- 查询某列缺失值，如图 2-33 所示。

图 2-33　查询某列缺失值

41

- 分组计数功能（可以看作是 Excel 中的数据透视图），如图 2-34 所示。

```
In [40]: df.groupby('行业').size()

Out[40]: 行业
         动画视频      3666
         平面设计     58947
         开发建站     21409
         dtype: int64
```

图 2-34 分组计数功能

注意：这里为什么不使用 count()函数呢？因为 count()函数适用于每列的计数，同时是针对非空的数值进行统计，如图 2-35 所示。

```
In [41]: df.groupby('行业').count()
```

Out[41]:

行业	一级类目	二级类目	成交时间	托管金额	成交金额
动画视频	3666	3666	3666	3237	2979
平面设计	58947	58947	58947	55296	53671
开发建站	21409	21409	21409	16896	14551

```
In [42]: df.groupby('行业')['成交金额'].count()

Out[42]: 行业
         动画视频      2979
         平面设计     53671
         开发建站     14551
         Name: 成交金额, dtype: int64
```

图 2-35 和使用 count()函数的差异性

- 高级些的分组计数，如图 2-36 和图 2-37 所示。

```
In [43]: df.groupby('行业').agg({'成交金额':np.mean,'托管金额':np.size})
```

Out[43]:

行业	托管金额	成交金额
动画视频	3666	1649.354008
平面设计	58947	872.574941
开发建站	21409	1867.657053

图 2-36 分组计数（1）

```
In [45]: df.groupby(['行业','一级类目']).agg({'托管金额':[np.size,np.sum,np.mean]})
```

Out[45]:

行业	一级类目	托管金额		
		size	sum	mean
动画视频	动漫设计	1450	3769066.00	3015.252800
	影音服务	2047	1440797.61	778.388768
	游戏	151	288694.00	2426.000000

图 2-37 分组计数（2）

④ 类似数据库的一些操作。进行关联处理，类似 SQL 中的 join 功能。

所以学习 Python 的数据分析，一方面可以熟悉 SQL 的使用，另一方面也可以提前学习 Spark 的一些 DataFrame 命令。

内连接，如图 2-38 所示。

```
In [24]: pd.merge(df1, df2, on='key')
Out[24]:
  key  value_x   value_y
0  B   1.075416  -0.227314
1  D   1.065735   2.102726
2  D   1.065735  -0.092796
```

图 2-38　内连接

df1 和 df2 为两个数据集，关联键为 key。

左连接，如图 2-39 所示。同理，对于右连接类似，修改 right 就可以了。全连接，如图 2-40 所示。

```
In [27]: pd.merge(df1, df2, on='key', how='left')
Out[27]:
  key  value_x   value_y
0  A  -0.857326       NaN
1  B   1.075416  -0.227314
2  C   0.371727       NaN
3  D   1.065735   2.102726
4  D   1.065735  -0.092796
```

图 2-39　左连接

```
In [29]: pd.merge(df1, df2, on='key', how='outer')
Out[29]:
  key  value_x   value_y
0  A  -0.857326       NaN
1  B   1.075416  -0.227314
2  C   0.371727       NaN
3  D   1.065735   2.102726
4  D   1.065735  -0.092796
5  E       NaN   0.094694
```

图 2-40　全连接

同样需要理解 SQL 中的全连接。union 会剔除重复的，如图 2-41 所示；union all 不会剔除重复的，如图 2-42 所示。

```
In [33]: pd.concat([df1, df2]).drop_duplicates()
Out[33]:
            city rank
0        Chicago    1
1  San Francisco    2
2  New York City    3
1         Boston    4
2    Los Angeles    5
```

图 2-41　union 会剔除重复的

```
In [32]: pd.concat([df1, df2])
Out[32]:
            city rank
0        Chicago    1
1  San Francisco    2
2  New York City    3
0        Chicago    1
1         Boston    4
2    Los Angeles    5
```

图 2-42　union all 不会剔除重复的

注： 要理解 union all 和 union 的使用区别，因为在 HQL 中也会经常用到。

（6）将清洗后的数据生成附件，这里可以采取 to_csv 来生成，不过这样就容易导致生成的 CSV 文件通过 Excel 打开时会显示为乱码（需要设置 Excel 的编码格式）。所以最好采取 to_excel 来生成。

如果出现下面问题：

UnicodeEncodeError: 'ascii' codec can't encode characters in position 0-3: ordinal not in range(128)

利用如下代码解决。

```
import sys
reload(sys)
sys.setdefaultencoding('utf8')
```

（7）通过邮箱发送附件数据。

```
def send_email():
    email=raw_input("input email: ")
    subject=raw_input("input subject: ")
    msg = MIMEMultipart()
    att1 = MIMEText(open(' 附 件 地 址 ', 'rb').read(), 'base64',
'gb2312')
    att1["Content-Type"] = 'application/octet-stream'
    att1["Content-Disposition"] = 'attachment; filename="文件名称"'
    msg.attach(att1)
    msg['to'] = email
    msg['from'] = '发送邮箱地址'
    msg['subject'] = subject
    try:
        server = smtplib.SMTP()
        server.connect('设置端口')
        server.login('发送邮箱地址','密码')
        server.sendmail(msg['from'], msg['to'],msg.as_string())
        server.quit()
        print u'发送成功'
    except Exception, e:
        print str(e)
```

总结：学习 Python 时，涉及数据分析的知识大概就是这些内容。要多动手才能跟上节奏，快速进步。

2.5 Python 学习总结

考虑到有不少朋友都在学习与 Python 相关的数据分析/挖掘。因此，上述内容主要围绕 Python 来开展。我和大家说过不要恋战，因为大数据生态圈还有很多有价值的知识等着我们一起去学习、讨论和分享。

2.5.1　关于 Python

上述内容主要是想让大家能够在一个干净清爽的交互页面来亲自写 Python 代码。当然，也可以直接使用 cmd→Python/IPython 来运行，也可以通过一些 IDE 集成环境来开发。

笔者比较倾向于使用 IPython Notebook 来直接操作，所以对于这篇文章而言，主要是教会大家安装 Python 环境，学会使用 pip install 程序快捷安装依赖包，以及有一个自己喜欢的编译环境去写代码，查看运行结果和图表。大家一定要有动手能力，后面还会有很多类似的环境需要部署，多动手操作才能更顺利地学习相关的知识。

本节主要概括了 Python 中常用的语法、数据类型、函数式编程、数据操作和基本概念等。目的是让大家能够快速领会用 Python 做数据分析和挖掘工作时，常用到的知识点。而且涉及函数式编程的思想，在 Scala 中也会有所体现。

为什么这样说呢？因为知识点很多，但是对于用 Python 做数据挖掘而言，主要就那几个方面的内容。而且要想更理解语法操作，唯有多用、多温习，而不是总是看概念性的知识。利用 Python 可以从数据源来获取结构化的数据，结合 DataFrame 做一些数据分析相关的工作，以及数据清洗。还可以直接将分析的结果和图表直接存储为 Excel 文件或 CSV 文件，通过邮件直接发送给业务运营人员，完成数据需求上的支撑。对于 DataFrame 的使用，在 Spark 中也会有所体现。

总体来说，考虑到用 Python 做数据分析的一些思想和大数据框架技术里的某些思想有不谋而合之处，所以特意推荐大家可以先从学习 Python 入门。不过也别花太多时间，学习一门技术，虽然很迫切学得很深，很扎实，但是的确急不得，学习 Python 能够对数据分析和编程思想有一定入门、理解和动手能力就可以了。

2.5.2　Python 其他知识点

1. Linux 环境下 Python 开发环境的部署

在后期的文章里会引导大家部署 Linux 环境，以便学习数据仓库，大数据生态圈相关的一些知识。这些对于做数据挖掘前期的数据清洗、加工和转换很重要。

（1）下载喜欢的 Python 版本。

Python 版本主要是 2.x 版本和 3.x 版本，考虑到 Python 版本的差异性较大，虽然未来主流还是往 3.x 靠近，但是考虑现在学习书籍主要还是以 2.x 为主，所以选择用 Python 2.7.9 进行开发学习。现在安装的 Linux 环境都自带 Python 版本，但是版本比较低。

（2）安装 Python 的方法有很多，这里选择下载安装包进行安装。

切换 root 权限，进入 Python 安装包所在的目录，像安装常用软件的方式一样进行安装（可以使用本地电脑进行下载，上传到 Linux 目录下）。

解压安装程序压缩包（tar -xzf Python-2.7.9.tgz）。再进入 Python-2.7.9 文件夹（蓝色的为文件夹；绿色和黑色的为文件；红色的为压缩包），在其目录下运行./configure。然后会生成一个 Makefile 文件。接着输入"make >>"，再输入 make install 命令（它的效果是把生成的执行文件拷贝到 Linux 系统中必要的目录下）。

（3）在线安装工具 pip 的部署。

下载这两个安装脚本，即 ez_setup.py，下载地址为 http://pan.baidu.com/s/1o8ydmxs，密码为 yfa9；get-pip.py，下载地址为 http://pan.baidu.com/s/ 1qYNH8za，密码为 cwpt。

安装 ez_setup.py，执行命令 Python ez_setup.py，注意是在该脚本文件目录下进行的。然后添加环境变量到 Linux 的 path 路径下。

```
# vim /etc/profile
```

添加

```
export PATH=/usr/local/bin:$PATH"
```

保存并退出，然后运行。

```
source /etc/profile
```

再安装 get-pip.py，为了防止错误，先按如下两个命令进行安装。

```
yum install openssl -y
yum install openssl-devel -y
```

（4）重新安装 Python 软件。

进入 Python 软件文件目录，运行./configure。找到文件夹 Modules，进入该文件夹。vim 编辑 Setup 脚本，在最后找到下面的注释。

```
#zlib zlibmodule.c -I$(prefix)/include -L$(exec_prefix)/lib -lz
```

取消注释的标志，再回到软件目录，运行 make 和 make install 程序。

（5）执行 Python get-pip.py 进行安装。

完成以上步骤就完成了 Python 后期开发环境和在线安装库的功能。

（6）安装一些常用的库。

- MySQLdb 库的安装：运行 pip install mysql-Python（MySQLdb），如果这个库安装出错，则运行 yum install mysql-devel 后，再执行安装即可。
- iPython 的安装：回到初始目录，运行 pip install iPython 即可。

2. Python 自然语言的学习

笔者主要是做业务方向的数据挖掘，与结构化数据、半结构化数据打交道比较多，而且和业务接触会更紧密些。如果有做 Python 自然语言处理的朋友，可以学习一下 nltk 库。

直接运行 pip install nltk 进行安装。进入 IPython 的交互环境，载入 import nltk 包，再执行 nltk.download() 进行下载。随即会打开一个下载页面，选择存储路径和"book"选项进行下载。然后进行向导安装，如果输入 from nltk.book import * 后能成功运行就代表安装完成。（入门学习文档：http://www.nltk.org/）。

以上所有内容都涉及大数据挖掘学习的入门知识，也是每一个入门与转型的朋友应该掌握的。

第 3 章

大数据工具篇

3.1 Hadoop 伪分布式的安装配置

为了帮助大家学习 Hive 与 HBase 在数据挖掘中的应用，也为了培养一定的动手能力，先学习 Hadoop 的部署。

3.1.1 部署 CentOS 环境

1. 安装虚拟机和 CentOS 系统

在正式环境中都采用物理机来构建分布式集群。大家学习的初衷更多的是为了初步了解 Hadoop 生态系统，我们自己就可以采取虚拟机的部署。这里提供 VirtualBox 的下载地址：http://pan.baidu.com/s/1o82TAlW（密码：qozs）。

VirtualBox 是免费的虚拟机软件，它不仅具有自己的特色，而且性能优异。安装教程，可以参考在百度的搜索结果，如图 3-1 所示。CentOS 系统的部署，最好选择 6.x 系列，因为 6.x 系列较为稳定，如图 3-2 所示。

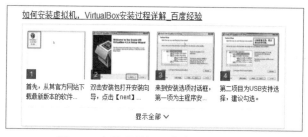

图 3-1 安装虚拟机（来自百度搜索）

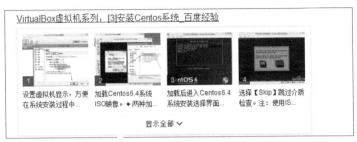

图 3-2 安装 CentOS 系统（来自百度搜索）

查看 Linux 是 Redhat，还是 CentOS 或 Ubuntu，代码如下。

```
[root@system1 tmp]# more /etc/issue
CentOs release 6.5 (Final)
```

对于 Linux 系统而言也有 32 位和 64 位的区别，如下所示。

```
[root@system1 tmp]# more /proc/version
Linux version 2.6.32-431.el6.x86_64 ...
```

在内核版本后面会有一个 x86_64，表示该 Linux 系统是 64 位的。

2. 配置 CentOs 相关环境

为了防止后面操作 Hadoop 出现异常，优先修改主机名（hostname），具体有以下几个步骤。

步骤 1：查看当前的主机名，代码如下。

```
[root@hadoop1 ~]# hostname
```

步骤 2：修改 hosts 文件（这里修改为 hadoop1），代码如下。

```
[root@hadoop1 ~]# vi /etc/hosts
ip 地址  hadoop1
```

步骤 3：修改 network 文件，代码如下。

```
[root@hadoop1 ~]# vi /etc/sysconfig/network
NETWORKING=yes
NETWORKING_IPV6=yes
HOSTNAME=hadoop1
```

这三个步骤概括起来就是修改 network 文件中 HOSTNAME 的值为 hadoop1，或者自己指定的主机名，保证 hadoop1 在 hosts 文件中映射为正确的 IP 地址，然后重新启动网络服务。

```
[root@hadoop1 ~]# /etc/rc.d/init.d/network restart
# 输出结果
Shutting down interface eth0:              [  OK  ]
Shutting down loopback interface:          [  OK  ]
Bringing up loopback interface:            [  OK  ]
Bringing up interface eth0:                [  OK  ]
```

还需要配置 SSH 免密码登录，后期会使用到，代码如下。

```
[root@hadoop1 ~]# cd  /root/.ssh/
# 清除之前的配置
[root@hadoop1 ~]# rm -rf  *

# 生成密钥，一直 Enter
[root@hadoop1 ~]# ssh-keygen -t rsa

# 生成 authorized_keys，即可完成
[root@hadoop1 ~]# cp id_rsa.pub authorized_keys
```

考虑到这里不部署分布式集群，所以省了其他流程，只保留最简单的步骤。
最终输入 ssh hadoop1 进行验证即可，代码如下。

```
[root@hadoop1 ~]# ssh hadoop1
Last login: Mon Apr 17 18:07:26 2017 from 10.15.82.136
```

3.1.2　部署 Java 环境

1. 卸载原生版本

为了保证环境干净，首先检查系统有哪些自带的 JDK，卸载后再重新安装。
现在一般 Linux 系统默认安装的基本是 OpenJDK，代码如下。

```
[root@system1 wang]# sudo rpm -qa | grep Java
Java-1.7.0-openjdk-1.7.0.45-2.4.3.3.el6.x86_64
Java-1.6.0-openjdk-devel-1.6.0.0-1.66.1.13.0.el6.x86_64

#进行 JDK 的卸载
$ sudo rpm -e --nodeps xxx ...
```

2. 安装 Java

在官网下载和系统相匹配的 Java 版本，如 64bit CentOS 7 server，下载 64 位

的 rpm 包，然后到你的下载目录运行以下命令来安装。

```
rpm -ivh jdk-8u25-linux-x64.rpm #参数-ivh 显示安装进度和详细信息
```

3．设置 Java 环境

设置 Java 环境，代码如下。

```
[root@system1 Java]# vi /etc/profile
# 添加以下配置
export JAVA_HOME=/usr/jdk1.7.0_79
export JAVA_BIN=/usr/Java/jdk1.7.0_79/bin
export PATH=$JAVA_HOME/bin:$PATH
export CLASSPATH=.:$JAVA_HOME/lib/dt.jar:$JAVA_HOME/lib/tools.jar
export JAVA_HOME JAVA_BIN PATH CLASSPATH

[root@system1 Java]# source /etc/profile #配置生效
```

4．检测 Java 是否安装成功

检测 Java 是否安装成功，代码如下。

```
[root@system1 Java]$ Java -version
Java version "1.7.0_79"
Java(TM) SE Runtime Environment (build 1.7.0_79-b15)
Java HotSpot(TM) 64-Bit Server VM (build 24.79-b02, mixed mode)
```

3.1.3　部署 Hadoop 伪分布式环境

1．概念

单机模式：在一台单机上运行，没有分布式文件系统，而是直接读写本地操作系统的文件系统。

伪分布式模式：也是在一台单机上运行，但用不同的 Java 进程模仿分布式运行中的各类结点。

分布式模式：真正的分布式是由 3 个及以上的物理机或虚拟机组成的集群。

2．Hadoop 的下载配置

Hadoop 的下载地址为（可选择合适的版本）http://archive.cloudera.com/cdh5/cdh/5/。这里下载并使用 hadoop-2.6.0-cdh5.7.0.tar.gz。

在测试机上创建一个目录，下载并解压 Hadoop 的压缩包。

```
mkdir opt/hadoop

# 下载包
wget http://archive.cloudera.com/cdh5/cdh/5/hadoop-2.6.0-cdh5.7.0.
tar.gz

# 解压包
tar -xzvf hadoop-2.6.0-cdh5.7.0.tar.gz
```

配置环境变量，代码如下。

```
[root@system1 Java]# vi /etc/profile
export HADOOP_HOME=/.../hadoop-2.6.0-cdh5.7.0
export PATH=...:$HADOOP_HOME/bin:$HADOOP_HOME/sbin

[root@system1 Java]# source /etc/profile #配置生效
```

3. 修改伪分布式文件

主要集中在 core-site.xml、hdfs-site.xml、mapred-site.xml 和 yarn-site.xml，代码如下。

```
[root@hadoop1 etc]# ll
total 16
drwxr-xr-x 2 1106 4001 4096 ... hadoop
drwxr-xr-x 2 1106 4001 4096 ... hadoop-mapreduce1
drwxr-xr-x 2 1106 4001 4096 ... hadoop-mapreduce1-pseudo
drwxr-xr-x 2 1106 4001 4096 ... hadoop-mapreduce1-secure
```

针对 core-site.xml 文件的修改（注意 hadoop1），代码如下。

```
<configuration>
  <property>
    <name>fs.default.name</name>
    <value>hdfs://hadoop1:9000/</value>
  </property>
  <property>
    <name>hadoop.tmp.dir</name>
    <value>file:/usr/local/hadoop/tmp</value>
  </property>
</configuration>
```

针对 hdfs-site.xml 文件的修改，代码如下。

```
<configuration>
  <property>
    <name>dfs.replication</name>
    <value>1</value>
  </property>
  <property>
    <name>dfs.namenode.name.dir</name>
    <value>file:/usr/local/hadoop/tmp/dfs/name</value>
  </property>
  <property>
    <name>dfs.datanode.data.dir</name>
    <value>file:/usr/local/hadoop/tmp/dfs/data</value>
  </property>
</configuration>
```

其中 dfs.replication 代表文件副本数量，默认为 3，这里设置为 1。针对 mapred-site.xml 文件的修改，代码如下。

```
<configuration>
  <property>
    <name>mapred.job.tracker</name>
    <value>hadoop1:8021</value>
  </property>
</configuration>
```

针对 yarn-site.xml 文件的修改，代码如下。

```
<configuration>
  <property>
    <name>yarn.resourcemanager.address</name>
    <value>hadoop1:8032</value>
  </property>
  <property>
    <name>yarn.nodemanager.aux-services</name>
    <value>mapreduce.shuffle</value>
  </property>
</configuration>
```

以上配置完成后，执行 NameNode 的格式化，代码如下。

```
[root@system1 hadoop]# hadoop namenode -format
```

出现"successfully formatted"和"Exiting with status 0"的提示代表配置成功，否则代表配置失败。记住在修改 hadoop-env.xml 文件时，配置 JAVA_HOME 变量的路径值。

4．启动 Hadop 环境

```
[root@system1 hadoop]# start-all.sh
```

启动完成后，可以通过命令 jps 来判断是否成功启动。应该成功启动 NameNode、DataNode 和 SecondaryNameNode、JobTracker、TaskTracker 这 5 个新的 Java 进程。如果最后一个进程没有启动，请重启服务试试；如果没有 NameNode 或 DataNode，那就是配置不成功，需要根据具体情况来排查原因。

上述内容就是 Hadoop 伪分布式的整体部署过程，介绍它的主要目的是培养大家的动手实践能力，让大家对大数据生态圈有初步的了解，以及为学习 Hive 与 HBase 打下基础。如果条件允许，可以申请阿里云服务器，构建一套分布式集群。这样就可以做很多数据产品实践项目，弥补项目经验匮乏的缺点。

3.2　数据挖掘中的 MapReduce 编程

3.2.1　学习 MapReduce 编程的目的

虽然很多实践案例都是基于 Spark 框架去重写的一些业务场景模型，但还是提倡大家先接触 MapReduce 编程。相比较而言，两者之间有一定的差异性。

- 高效性：主要体现在四个方面——Spark 提供 Cache 机制减少数据读取的 I/O 消耗、DAG 引擎减少中间结果到磁盘的开销、使用多线程池模型来减少 Task 启动开销、减少不必要的 Sort 排序和磁盘 I/O 操作。
- 代码简洁：解决同一个场景模型，用 Spark 代码，代码总量能够减少 1/5~1/2。

Spark 目前只支持四种语言，分别为 Java、Python、R 和 Scala。既然 Spark 有很大的优势，而且还这么火，为什么不直接学习它，却要先接触 MapReduce 呢？理由有以下几点。

- 足够经典：MapReduce 离线分布式计算可以说是大数据计算框架的起源，分而治之的思想的确经典，应该去了解。
- 大道归一：先足够了解 MapReduce 的写法，以及数据处理的思想，再接触 Spark 时，会更容易理解。毕竟目的都一样，只是实现形式存在差异。

54

- 锻炼编程能力：在向大家推荐编程语言的过程中，都是由 Python 到 Java，最后才是 Scala，逐步加深自己对于工程的理解能力，越到后面会越顺手。而 MapReduce 底层就是用 Java 来实现的。

所以，这 3 个理由就已经足够让每一个初次接触大数据挖掘的朋友有一个明确的目标，知道如何提高自身的工程能力。

3.2.2　MapReduce 的代码规范

开始你会发现写 MapReduce 的确很简单，慢慢的你会有些厌烦它。因为毕竟重复性的代码太多，不够简洁大方。

要写好 MapReduce 的代码，掌握以下 3 个板块就够了。

- 第 1 个板块：Map 阶段。
- 第 2 个板块：Reduce 阶段。
- 第 3 个板块：Run 阶段。

整体结构很简单，直观来看 Map 阶段就分为两部分：setup 和 map。一个是初始化 Map 阶段的全局变量、常量；另一个是数据在 Map 阶段需要解析的过程。

```
public static class dealMap extends Mapper<Object,Text,Text,Text>{
    //Hadoop 中常用的内置数据类型
    //IntWritable:整型数
    //DoubleWritable:双字节数值
    //Text:使用 UTF8 格式存储的文本
    //NullWritable:当 key 或 value 为空时使用

    @Override
    protected void setup(Context context)
        throws IOException,InterruptedException{
    /**
     * 初始化 Map 阶段的全局变量
     */
    }
    public void map(Object key, Text value, Context context)
        throws IOException,InterruptedException {
    //主要做这三件事
    //1.按行读取文件,切分该行的数据字段
    //2.解析和计算每一行的数据
    //3.设置 key 和 value 传输到 reduce 端
```

```
        }
    }
```

初始化全局变量、常量的原因在于 MapReduce 是一个分布式计算框架，每一个计算节点都在独立处理相应的数据，如果在 Map 处理阶段设置全局变量是不能保证每个节点获取的值都一致的。

对于 Map 阶段，还需要补充以下 3 点说明。

- 数据类型：除了默认的文本格式，还有 IntWritable、DoubleWritable 和 NullWritable 这些常用的数据类型（具体含义看具体命名）。
- Map 阶段的数据读取：可以从不同的数据源获取（HDFS、本地和 HBase 等），而且文件存储格式也接受文本、二进制等，但重点都是按行解析。
- 在 Map 阶段中处理的三件事：按特定分隔符解析输入数据、做一定程度的清洗、传输到 Reduce 阶段。

对于 Reduce 阶段，同样也很简单，分为 setup 和 reduce 两个步骤。一个是初始化 Reduce 阶段的全局变量、常量；另一个是数据在 Reduce 阶段需要汇总的过程。

```
public static class dealReduce extends Reducer<Text,Text,Text,Text> {
    @Override
    protected void setup(Context context)
        throws IOException,InterruptedException{
        /**
         * 初始化 Reduce 阶段的全局变量
         */
    }

    public void reduce(Text key, Iterable<Text> values,Context
context)
            throws IOException,InterruptedException{
        //主要也做这三件事
        //1.按 key 读取 map 阶段的数据，做循环
        //2.计算和汇总每一类的数据
        //3.设置 key 和 value 传输到输出端
    }
}
```

Map 阶段和 Reduce 阶段的初始化变量、常量是需要单独设置的，毕竟集群在处理这两个阶段的过程中，或许不在同一台机器上。

对于 Reduce 阶段，需要补充以下 3 点说明。

- 数据类型：除了默认的文本格式，还有 IntWritable、DoubleWritable 和 NullWritable 这些常用的数据类型（具体含义看具体命名）。
- 从 Map 阶段获取数据：是根据 Map 阶段数据传输过程中的 Key 值来进行分组处理的，可以说是每个小组都会单独在 Reduce 处理一次。
- 在 Reduce 阶段中处理的两件事：根据不同的 Key 值分别进行聚合处理、传输到目标路径中存储。

Run 阶段因人而异，有些人习惯归纳到 main 中统一处理，而笔者偏好于将其抽象出来单独维护。

```
public static Boolean run(String input,String ouput)
    throws IOException, ClassNotFoundException, Interrupted-
Exception{
    Configuration conf = new Configuration();
    Job job = Job.getInstance(conf, "FrameWorkJob");
    job.setJarByClass(FrameWork.class);
    job.setMapperClass(dealMap.class);
    job.setReducerClass(dealReduce.class);
    job.setNumReduceTasks(1);
    job.setOutputKeyClass(Text.class);
    job.setOutputValueClass(Text.class);


    //设置输入、输出文件路径,可以保证多文件
    Path output = new Path(ouput);
    FileInputFormat.setInputPaths(job,input);
    FileOutputFormat.setOutputPath(job, output);
    //设置每一次执行前先删除输出目录,防止报错
    output.getFileSystem(conf).delete(output,true);
    Boolean result=job.waitForCompletion(true);

    return result;
}
```

看起来需要设置参数的地方很多，但是改动不大，很多时候都是直接复制就可以重新使用了。需要强调几个点的设置。

- job.setJarByClass(FrameWork.class);：代表整个工程类的名字，保持一致就可以了。同理对于 job.setMapperClass 和 job.setReducerClass 也一样。

- job.setNumReduceTasks(1)：代表 Reduce 执行节点的个数，有时候也可以看作是输出文件的个数。
- job.setOutputKeyClass(Text.class)和 job.setOutputValueClass(Text.class)：代表输出数据的类型，分别是 Key 和 Value 的数据类型，和 Reduce 阶段保持一致就可以了。

总体来说，整个 MapReduce 编程就是这个过程，最后在整个工程类中添加 main 执行就算成功了，代码如下。

```
public static void main(String[] args) throws Exception {
    run("输入文件目录","输出文件目录");
}
```

3.2.3 简单的案例

最经典的案例当属 WordCount，可以看作与"Hello World"一样经典。如文档 wordcount.txt 的内容，按 tab 键分割，如下。

张三	python	scala	java	mapreduce
张四	sql	excel	java	mapreduce
张五	hql	mysql	java	python
张六	r	scala	python	mapreduce
王二	python	scala	java	mapreduce

接下来需要统计每项技能出现的总次数，用 MapReduce 来实现。以下为 Map 的实现过程。

```
public static class dealMap extends Mapper<Object,Text,Text,
IntWritable>{
        //输入数据格式: 张三    python    scala    java    mapreduce
    public void map(Object key, Text value, Context context)
            throws IOException,InterruptedException {
        //步骤1:每行读取,按tab键作为分割,切分数据成数组
        String[] data=value.toString().split("\u0009");
        if(data.length==5){
            //姓名
            String keyName = data[0];
            //步骤2:解析数据
```

```
                    for(int i=1;i<data.length;i++){
                        String keyStill = data[i];
                        //步骤3:设置 key 和 value 传输到 reduce 端
                        context.write(new Text(keyStill), new IntWritable
(1));
                    }
                }
            }
        }
```

并不是所有阶段都需要 setup 去初始化全局变量, 没有需要就可以省略。而
Reduce 的内容如下。

```
    public static class dealReduce extends Reducer<Text,IntWritable,
Text,IntWritable> {
        public void reduce(Text key, Iterable<IntWritable> values,
Context context)
                throws IOException,InterruptedException{
            String keyName = key.toString();
            int sum=0;
            for (IntWritable val : values) {
                sum+=val.get();
            }
            context.write(new Text(keyName),new IntWritable(sum));
        }
    }
```

最后结合 Map 和 Reduce 的内容, 还需要实现 Run 的驱动板块, 代码如下。

```
    public static Boolean run(String input,String ouput) throws
IOException {
        Configuration conf = new Configuration();
        Job job = Job.getInstance(conf, "WordCountJob");
        job.setJarByClass(CaseOneWordCount.class);
        job.setMapperClass(dealMap.class);
        job.setReducerClass(dealReduce.class);
        job.setNumReduceTasks(1);
        job.setOutputKeyClass(Text.class);
        job.setOutputValueClass(IntWritable.class);
        //设置输入、输出文件路径,可以保证多文件
```

```
Path output = new Path(ouput);
FileInputFormat.setInputPaths(job,input);
FileOutputFormat.setOutputPath(job, output);
//设置每一次执行前先删除输出目录,防止报错
output.getFileSystem(conf).delete(output,true);
Boolean result=job.waitForCompletion(true);
return result;
}
```

最后补上 main 的执行类就算完成了，代码如下。

```
public static void main(String[] args) throws Exception {
    //输入/输出源:1.本地目录、2.集群 HDFS 目录、3.集群 Hbase……等
    System.out.println(run("wordcount.txt","result1"));
}
```

具体的数据和源码可以自行下载（地址：http://pan.baidu.com/s/1o8PYFaE），更多的案例会在后续分享，也包括涉及大数据挖掘的实践案例。

3.3 利用 MapReduce 中的矩阵相乘

3.3.1 矩阵的概念

实现矩阵相乘最重要的方法是一般矩阵乘积。它只有在第一个矩阵的列数（Column）和第二个矩阵的行数（Row）相同时才有意义。一个 $m×n$ 的矩阵就是 $m×n$ 个数排成 m 行 n 列的一个数阵。

设 A 为 $m×p$ 的矩阵，B 为 $p×n$ 的矩阵，那么称 $m×n$ 的矩阵 C 为矩阵 A 与矩阵 B 的乘积，记作 $C=AB$，其中矩阵 C 中的第 i 行第 j 列元素可以表示为：

$$(AB)ij = \sum_{k=1}^{p} a_{ik}b_{kj} = a_{i1}b_{1j} + a_{i2}b_{2j} + \cdots + a_{ip}b_{pj}$$

矩阵相乘如下：

$$C = AB = \begin{pmatrix} 1 & 2 & 3 \\ 4 & 5 & 6 \end{pmatrix}\begin{pmatrix} 1 & 4 \\ 2 & 5 \\ 3 & 6 \end{pmatrix} = \begin{pmatrix} 1×1+2×2+3×3 & 1×4+2×5+3×6 \\ 4×1+5×2+6×3 & 4×4+5×5+6×6 \end{pmatrix} = \begin{pmatrix} 14 & 32 \\ 32 & 77 \end{pmatrix}$$

需要注意以下 3 点。

- 当矩阵 *A* 的列数等于矩阵 *B* 的行数时，矩阵 *A* 与矩阵 *B* 才可以相乘。
- 矩阵 *C* 的行数等于矩阵 *A* 的行数，矩阵 *C* 的列数等于矩阵 *B* 的列数。
- 矩阵 *C* 的第 *m* 行第 *n* 列的元素等于矩阵 *A* 的第 *m* 行的元素与矩阵 *B* 的第 *n* 列对应元素乘积之和。

上面提到的矩阵相乘的条件、矩阵行列数的变化及矩阵元素相乘的逻辑，在后期写 MapReduce 时会重点介绍。

3.3.2　不同场景下的矩阵相乘

1. 常规小矩阵的相乘

不少朋友都使用过 Python 及 R 语言来做数据分析相关的工作。就拿 Python 中常用的 Numpy 库来说，对于计算矩阵相乘很方便，直接调用现有的方法即可。

但是如果我们做大数据场景下的数据挖掘，不可避免的还是要采取更合适的方式来处理矩阵相乘的问题。无论因为数据量大，还是因为场景建模过程中的复杂性。并不是强调每个人都需要成为一个工程型人才，因场景而异，因所从事的工作而异。

这里先用小矩阵相乘的案例来介绍用 Java 实现的过程，代码如下。

```
public static double[][] matrixMul(double[][] A,double[][] B){
    //A 矩阵的行=C 矩阵的行，B 矩阵的列=C 矩阵的列
    double C[][] = new double[A.length][B[0].length];
    int x,i,j;
    for(i = 0;i<A.length;i++){
        for(j = 0 ;j<B[0].length;j++){
            int value = 0;
            for(x = 0;x<B.length;x++){
                value+=A[i][X]*B[x][j];
            }
            C[i][j] = value;
        }
    }
    return C;
}
```

上述这个方法是矩阵相乘单元版本的实现逻辑，在后期会使用到。

```
public static void main(String[] args){
```

```
double[][] A = {{1,2},{3,4},{5,6}};//A矩阵 3×2
double[][] B = {{1,2,3},{4,5,6}}; //B矩阵 2×3
double[][] C = matrixMul(A,B);
System.out.println("矩阵相乘后的结果为：");
for(int m = 0;m<C.length;m++) {
    for(int n = 0;n<C[0].length;n++){
        System.out.print(C[m][n]+"\t");
    }
    System.out.println()
}
}
```

最终计算结果如图 3-3 所示，得到 A 矩阵和 B 矩阵相乘以后的 C 矩阵，其为三行三列。

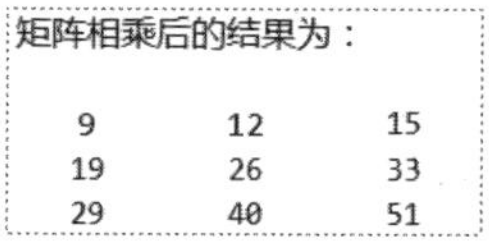

```
矩阵相乘后的结果为：

9        12       15
19       26       33
29       40       51
```

图 3-3

以上就是使用 Java 来实现常规小矩阵的逻辑，可以理解为在矩阵相乘场景中，最小的单元版本，在后面会使用到，比较重要。

2. 中规模数据量的矩阵相乘

当数据规模有了一定程度，单独使用最小单元版本处理矩阵相乘就会感觉到吃力了。这里的吃力不是指实现逻辑，而是指计算效率、时间成本。而且如果发布到正式环境中，每天定时调度跑批任务，只用一个计算节点执行全量数据的矩阵相乘，没有充分利用集群分布式的优势，这也是资源的浪费和时间的消耗。所以现在介绍中规模数据量的矩阵相乘。

这里会重点使用到 MapReduce 的处理框架。矩阵 A 和矩阵 B 的文件，如图 3-4 所示。

名称	修改日期	类型	大小
A-matrix	2017/1/12 10:55	文本文档	1 KB
B-matrix	2017/1/12 10:55	文本文档	1 KB

图 3-4　两个矩阵文件

两个矩阵的数据分布，如图 3-5 所示。

```
矩阵A为4行5列:

1       1       5       0       0       8
2       1       1       5       0       4
3       1       1       0       8       3
4       1       1       0       2       3


矩阵B为5行5列:

1       1       5       0       0       8
2       1       1       5       0       4
3       1       1       0       8       3
4       1       1       0       2       3
5       1       1       0       2       3
```

图 3-5　矩阵 *A* 和 *B* 的数据分布

Map 阶段的初始化与逻辑处理，代码如下。

```java
public static class dealMap extends Mapper<Object,Text, Text, Text>{

    String filename=null;
    Integer ARow,BColumn;
    @Override
    protected void setup(Context context) throws IOException,
InterruptedException {
        InputSplit inputSplit= context.getInputSplit();
        //这里获取三个常量:输入文件名、A矩阵行数、B矩阵列数
        filename=((FileSplit) inputSplit).getPath().getName();
        ARow=context.getConfiguration().getInt("row",0);
        BColumn=context.getConfiguration().getInt("column",0);
    }

    public void map(Object key, Text value, Context context)
            throws IOException, InterruptedException {
        String[] data=value.toString().split("\u0009");
        int num = data.length;
        //定义C矩阵的标签
        StringBuffer keyTag=new StringBuffer();
        keyTag.append("C_");
        //定义C矩阵的元素值
        StringBuffer matrixValue=new StringBuffer();
        if(num>0){
```

```
//获取输入矩阵行序号
String k=data[0];
for(int i=1;i<num;i++){
    matrixValue.append(data[i]);
    matrixValue.append(":");
}
matrixValue.deleteCharAt(matrixValue.length()-1);
if(filename.equals("A-matrix.txt")){
    keyTag.append(k).append("_");
    for(int ii=1;ii<=BColumn;ii++){
        context.write(new Text(keyTag.toString()+ii),
new Text(matrixValue.toString()));
    }
}else{
    for(int jj=1;jj<=ARow;jj++){
        context.write(new
Text(keyTag.toString()+jj+"_"+k),new Text(matrixValue.toString()));
    }
}
    }
}
}
```

注意： Key 的设计很关键。

计算 A 矩阵每行时，坐标 row 的值和 C 矩阵的 row 的值是一致的，column 是被分发次数的循环；计算 B 矩阵每行时，坐标 column 的值和 C 矩阵的 column 的值也是一致的。

Reuce 阶段的处理，代码如下。

```
public static class dealReduce extends Reducer<Text,Text,Text,Text>
{
    public void reduce(Text key, Iterable<Text> values,Context
context)
        throws IOException, InterruptedException{
    double sum=0;
    StringBuffer MulMatrix=new StringBuffer();
    for(Text val:values){
        MulMatrix.append(val.toString());
```

```
        MulMatrix.append("=");
    }
    String[] data = MulMatrix.toString().split("=");
    String[] aMatrix=data[0].split(":");
    String[] bMatrix=data[1].split(":");
    for(int i=0;i<aMatrix.length;i++){
        sum+=Double.parseDouble(aMatrix[i])*Double.parseDouble
(bMatrix[i]);
    }
    context.write(key, new Text(String.valueOf(sum)));
    }
}
```

Run 阶段的处理，代码如下。

```
public static Boolean run(String input,String ouput,Integer
ARow,Integer BColumn)
        throws IOException, ClassNotFoundException, Interrupted-
Exception{
    Configuration conf = new Configuration();
    //初始化全局常量
    conf.setInt("row", ARow);
    conf.setInt("column", BColumn);
    Job job = Job.getInstance(conf, "MatrixMul");
    job.setJarByClass(MatrixMul.class);
    job.setMapperClass(dealMap.class);
    job.setReducerClass(dealReduce.class);
    job.setNumReduceTasks(1);
    job.setOutputKeyClass(Text.class);
    job.setOutputValueClass(Text.class);
    Path output = new Path(ouput);
    FileInputFormat.setInputPaths(job,input);
    FileOutputFormat.setOutputPath(job, output);
    output.getFileSystem(conf).delete(output,true);
    Boolean result=job.waitForCompletion(true);
    return result;
}
```

全局常量 row 和 column 也在这里来进行设置。

Main 阶段的处理，代码如下。

```
public static void main(String[] args) throws IOException {
```

```
    run("E:\\spark-test\\A-matrix.txt,E:\\spark-test\\B-matrix.
txt","E:\\spark-test\\result",4,5);
    MatrixMulStand.run("E:\\spark-test\\result\\part-r-00000",
"E:\\spark-test\\result1");
    }
```

这里设置的数字 4 和 5 代表 A 矩阵的行为 4，B 矩阵的列为 5。最终两个矩阵相乘结果，如图 3-6 所示。

```
最终相乘的结果：

90      38      30      30      30      30
14      14      14      43      43      38
27      27      75      14      14      30
14      27      15      15      15      30
```

图 3-6 两个矩阵相乘结果

上面这种场景的矩阵相乘使用会比较多，但也有一定弊端（当矩阵规模足够大）。比如矩阵 A：3000×100，矩阵 B：100×3000，两个大矩阵相乘，那么 Map 阶段的数据会分发 2 亿亿行到 Reduce 阶段，数据量简直是呈超级指数增长。

不过上述这种场景的矩阵相乘在实际业务中很少出现。一方面用户量级没这么大，另一方面特征属性没这么多。

3．大规模数据量的矩阵相乘

对于"BAT"这种用户级别的平台，极有可能出现大规模的矩阵相乘，有几亿的用户量应该很正常。这时如果按照上面的处理逻辑，除了依赖于集群的规模量并行计算效率。更好的策略是优化矩阵相乘的逻辑。

这部分的内容是为了开放大家的思维，我提出自己的几点构思，大家共同来思考，提出更有建设性的想法。当初笔者在构思时，的确意识到会出现由于数据量增长所带来的瓶颈的问题。所以优化了方法，优化了以下 5 个方面。

- 改变细分粒度：从原来具体的分行分发，替换成文件块分发，给文件做标记和切分。
- 改变计算单元：从原来具体的计算每一元素值，替换成计算每个文件块的小矩阵相乘。
- 扩展集群规模节点数，增大并发计算量。
- 合理切分文件块大小（比如 128MB），充分利用每个单节点的计算资源量。
- 修改矩阵相乘的计算逻辑，调整成为矩阵块和矩阵块的相乘，再组合。

其实最关键的还是从数学底层去观察可优化的内容，以及看整体数据量被分发次数和充分利用每个节点的计算资源。

3.4　数据挖掘中的 Hive 技巧

客观来说，掌握 SQL 的能力对于一个"数据人"而言至关重要。同样，在如今的大数据趋势之下，会用 HQL 更是必不可少的能力之一。作为一个大数据挖掘工程师，为了个人的职业发展，应该扩展自己的综合能力，工作内容不应该仅仅局限于构建模型，一定要深入了解数据挖掘的上下游。所以，本节将介绍在 Data Mining 中必须要掌握的关于 HQL 的知识。

3.4.1　面试心得

笔者陆陆续续面试了不少应聘者，他们应聘的岗位为数据挖掘工程师，工作环境多数是在分布式集群上进行建模流程，工作内容主要围绕着数据产品开发环节中的数据挖掘细节。但是很难找到合适的候选人，大多数应聘者仅仅停留在初面而已。

客观来说，当初这个岗位的定位，对于综合能力的要求会比较高，具体表现在业务能力、建模能力、工程能力及大数据能力上。最后考虑项目急缺人手，无奈之下，降低了这个岗位的门槛，重新定义了工作内容，会集中在建模能力和互联网金融业务能力上反映出这个人的能力。最近一直和身边的朋友强调过一点，一定要重视掌握 SQL 的能力，具体的掌握程度要结合岗位的差异性。

对于数据挖掘工程师，特别是在互联网工作中，更要重新重视 HQL。互联网所涉及的数据源范围很广，不仅仅是传统模式的关系型数据库中包含的结构化业务数据。所以，无论结构化数据，还是非结构化数据。在业务建模前期，都需要有很多工作去结合业务场景，针对性地清洗加工源数据，其中有 80% 的工作都会涉及用 HQL 完成。因此，在面对信息"爆炸"的资源时代，接下来决定概括性地介绍数据挖掘工程师在业务场景建模过程中，都必须知道的 HQL 知识。

3.4.2　用 Python 执行 HQL 命令

考虑到有不少朋友偏爱用 Python 处理数据、构建模型。所以先介绍如何通过

Python 连接 Hive 查询数据。

需要先启动 Hive 远程服务，只有 hiveserver2 开放才能通过 JDBC 建立连接（具体可直接找负责集群运维的人员开放）。要外部查询 Hive，需要安装 thrift 和 fb303，但 Hive 本身提供了 thrift 的接口。在使用 Python 连接 Hive 之前，需要将 Hive 中的相关文件/lib/py 复制到 Python 的 sys.path 中。python2.X\site-packages 目录（因为 Python 第三方包都安装到了 site-packages 目录下）总之就是用 Hive 提供的 Python 客户端代码来连接 Hive。

```
from hive_service import ThriftHive
from hive_service.ttypes import HiveServerException
from thrift import Thrift
from thrift.transport import TSocket
from thrift.transport import TTransport
from thrift.protocol import TBinaryProtocol
```

在编写 Python 脚本前，先加载上述这些库，下面给出一个连接 Hive 的功能模块，以后直接调用即可，代码如下。

```
def hiveExe():
    try:
        transport = TSocket.TSocket('地址', 10000)
        transport = TTransport.TBufferedTransport(transport)
        protocol = TBinaryProtocol.TBinaryProtocol(transport)
        client = ThriftHive.Client(protocol)
        transport.open()
        hql=raw_input("输入查询语句：")
        client.execute(hql)
        alldata=client.fetchAll()
        transport.close()
        return alldata
    except Thrift.TException, tx:
        print '%s' % (tx.message)

if __name__ == '__main__':
    hiveExe()
```

最后直接保存文件，这里将文件命名为 hiveExe.py，后期直接调用即可。

3.4.3　必知的 HQL 知识

如果仅仅是介绍 Hive，从头到尾完全可以覆盖一本书的内容，而且网上相关的信息也不少，大可不必针对性地介绍 Hive 的相关技巧。但是本文的初衷主要是介绍针对数据挖掘工程师在业务场景建模前期，使用 Hive 做数据清洗过程中会涉及的知识。也就是说更有针对性，也为刚刚接触大数据挖掘的朋友精简了学习内容。

1．初步了解 HQL 与 SQL 的差异性

Hive 是建立在 Hadoop 上的数据仓库，可以进行数据的 ETL 操作，它定义了简单的类 SQL 查询语言。它也允许熟悉 MapReduce 的开发者自定义复杂的数据查询。

由于 Hive 采用了 SQL 的查询语言 HQL，因此很容易将它理解为数据库。但客观来说，它们之间除了拥有类似的查询语言，再无类似之处。它们的差异性主要体现在以下 3 个方面。

- 数据存储位置的差异：Hive 建立在 Hadoop 上，所有数据都存储在 HDFS 上。关系数据库则将数据保存在块设备或者本地文件系统中。
- 数据格式的差异：Hive 中没有规定数据格式，可由用户指定，而在加载数据时，是在查询阶段检测数据格式，为读模式。关系数据库有自己的存储引擎，定义了数据结构，而且在加载数据时会检测数据格式，为写模式。
- 数据更新的差异：Hive 在数据仓库的内容是读多写少。因此，它不支持对数据的改写和添加，所有数据都是预先确定的。关系数据库中的数据通常需要修改，可以支持被更新。

两者的差异性也会体现在索引、执行时间效率、计算规模的可扩展性这 3 个方面。

2．掌握 HQL 的常规用法

这里主要是围绕数据挖掘工程师日常会涉及的常规命令进行介绍和说明。

1）创建表

```
CREATE [external] TABLE [if not exists] 表名(表字段详情)
[COMMENT 表描述说明]
[partitioned by (分区字段说明)]
ROW FORMAT DELIMITED
```

```
FIELDS TERMINATED BY '\t'
COLLECTION ITEMS TERMINATED BY ','
MAP KEYS TERMINATED BY ':'
LINES TERMINATED BY '\n'
STORED AS textfile;
```

注意：创建外部表和内部表时，内部表在 drop 时会从 HDFS 上删除数据，而外部表不会删除数据。

2）操作命令

```
//添加分区
alter table 表名 add partition (dt='') location '目录'
//删除分区
alter table 表名 drop partition (dt='')
//更改表名
alter table 表名 rename to 新表名
//修改列名
alter table 表名 change col col1 string
//修改列位置
alter table 表名 change col col1 string after col2
alter table 表名 change col col1 string first
```

3）函数的使用

函数是最常用的甚至可以自定义 UDF 函数来解决复杂的数据清洗，而如果忘了函数名，可以输入如下命令查看。

```
show functions
```

具体的函数类型有关系运算、数值计算、类型转换、条件函数、日期函数、字符串函数及汇总统计函数。

3. 理解混淆使用

这个细节会涉及很多业务建模中常用的命令，稍有不慎，对结果数据的差异影响会很大。

1）on 和 where

on 和 where 的区别是很多初学者最容易混淆的。

场景 1：主表和从表关联，on 条件筛选主表数据。

```
select s1.*,s2.*
```

```
from s1
left outer join s2 on (s1.条件 1=s2.条件 1 and s1.条件 2='...')
```

场景 2：主表和从表关联，on 条件筛选从表数据。

```
select s1.*,s2.*
from s1
left outer join s2 on (s1.条件 1=s2.条件 1 and s2.条件 2='...')
```

场景 3：主表和从表关联，where 条件筛选主表数据。

```
select s1.*,s2.*
from s1
left outer join s2 on (s1.条件 1=s2.条件 1)
where s1.条件 2='...'
```

场景 4：主表和从表关联，where 条件筛选从表数据。

```
select s1.*,s2.*
from s1
left outer join s2 on (s1.条件 1=s2.条件 1)
where s2.条件 2='...'
```

每一位数据挖掘工程师都应该知道这 4 种场景的差异性。

2）left semi join 和 where ...in

在 MySQL 中，常常使用 in 关键字进行查询，目的在于可以限制某个指标的数值范围。旧版本的 Hive，不支持使用 in 关键字进行查询的操作，即使后期完善和更新，但是官方也不提倡这样操作，可以使用 left semi join 来代替 in 关键字。

场景 1：昨天有用户在网站平台上发布了订单，但是业务人员需要在今天发布的订单用户中，筛除昨天也发布订单的用户。

```
left semi join (子查询) s2 on(s1.id=s2.id)
order by、distribute by 和 sort by 的区别
```

对于排序的命令，是很多初学者容易犯错的地方。命令使用错误也会导致任务执行效率与计算结果的差异。

4. 它与 HBase 的整合

HBase 在数据挖掘中也有一定的实用性，而 HQL 和 HBase 的结合，更有利于我们在构建业务场景模型前期，发挥特征向量的灵活性。所以作为数据挖掘工程师，有必要进行学习。

创建表。

```
CREATE TABLE hive表名(key int,value string)
STORED BY 'org.apache.hadoop.hive.hbase.HBaseStorageHandler'
WITH SERDEPROPERTIES ("hbase.columns.mapping" = ":key,cf1:val")
TBLPROPERTIES ("hbase.table.name" = "hbase表名");
```

需要注意的是，这两个表是相关联的，如果从 Hive 中删除了表，则 HBase 也删除了表。通过上述操作，就可以成功整合了，在业务建模过程中，可以把数据清洗的工作放在 Hive 中，同时也需要设计好响应的 rowkey。为了让数据挖掘工程师专注于自己的工作，涉及 HBase 与 Hive 的配置环节可以不用关心，交给集群的运维人员处理即可。

5. HQL 的一些调优策略

策略 1：学会利用本地模式。如果在 Hive 中运行的数据量很小，那么使用本地 MapReduce 的效率比提交任务到集群的执行效率要高很多。当一个 job 满足如下条件才能真正使用本地模式。配置如下参数，可以开启 Hive 的本地模式。

```
//开启本地 mr(默认为 false)
set hive.exec.mode.local.auto=true;
//设置 local mr 的最大输入数据量
set hive.exec.mode.local.auto.inputbytes.max=50000000;(默认 128MB)
//设置 local mr 的最大输入文件个数
set hive.exec.mode.local.auto.input.files.max=10;(默认 4 或者没定义)
//job 的 reduce 数必须为 0 或者 1
```

需要注意的是，如果执行任务（看 job 名称的中间有 local），但是仍然会报错，提示找不到 jar 包，则需添加下面的语句。

```
set fs.defaultFS=file:///
```

总体来说，这是一种处理日常小任务的方式，有利于做小规模业务建模的数据处理。

策略 2：学会利用并行模式。当任务被解析成多个阶段，而且相互之间不存在依赖时，可以让多个阶段的任务并行执行。下面的场景可以考虑进行并行模式：

当 HQL 中出现 union all 语句，或者语句出现 from 查询表 insert overwrite ... 插入表 1 select ... insert overwrite ... 插入表 2 select ...时，代码如下。

```
// 开启任务并行执行
hive.exec.parallel=true
```

```
// 同一个 SQL 允许并行任务的最大线程数 set
hive.exec.parallel.thread.number=4;
```

这可以大大加快任务执行的速度，但同时也需要更多的集群资源。需要注意的是，任务的最大线程数不是越大越好，而是需要根据实际情况进行分配。在资源有限的情况下，最多产生固定数的并发线程。

策略 3：学会控制 Map 和 reduce 的个数。主要决定 Map 的个数的因素有 3 个：输入文件个数、输入文件大小、集群的文件块大小。要结合实际情况扩大 Map 数，或者缩减 Map 数。当文件数较多且较小时，可以合并小文件，减少 Map 数，从而提高整体执行效率。

```
//是否合并 Map 的输出文件(默认 true)
set hive.merge.mapfiles=true;
```

当输入文件很大，任务逻辑复杂时，Map 执行非常慢。此时考虑增加 Map 数，使每个 Map 处理的数据量减少，从而提高整体执行效率。

```
//是否合并 reduce 的输出文件(默认 false)
set hive.merge.mapredfiles=false
```

同样，对于 reduce 执行个数的设置，也需要结合任务量和数据量的情况进行合理调整。

```
set mapred.reduce.tasks = 个数;
```

策略 4：学会利用 Map Join 与 Reduce Join 的差异。大家熟知的更多的是 Reduce Join 的关联操作，也叫常规关联，而 Map Join 的差异体现在关联时机的不同。在 Map 阶段进行表之间的连接，不需要进入到 Reduce 阶段才进行连接。这样就节省了在 Shuffle 阶段大量的数据传输，从而起到了提高作业效率的目的。而它的原理如下：

主要体现在 broadcast join，即把小表作为一个完整的驱动表来进行 Join 操作。除了一份表的数据分布在不同的 Map 中以外，其他连接的表的数据必须在每个 Map 中有完整的副本。

Map Join 会把小表全部读入到内存中，在 Map 阶段直接拿另外一个表的数据和内存中表的数据匹配。

```
set hive.auto.convert.join=true
```

在新的 Hive 版本中，Map Join 优化是打开的。

策略 5：学会用 Fetch task 去解决日常查询。作为数据挖掘工程师，在使用集群时也要考虑资源问题，因此对常规表数据的直接查询，可以使用如下命令。

```
set hive.fetch.task.conversion=more;
```

策略 6：要学会利用 group by 和 dense_rank() over 避免 count(distinct ...)。

在很多执行查询中会频繁用到 count 和 distinct 的结合，但是这也是影响执行效率的一个核心因素。大数据量中两者的结合，往往会导致性能瓶颈出现在 Reduce 阶段，而出现执行效率下降。

策略 7：要学会避免和解决数据倾斜问题。何为数据倾斜？简单来说，就像有一个开发项目，由于任务分配不均匀，导致有些人工作轻松，而有些人却很忙。而整个项目的开发完成是以最终所有功能都通过测试可以上线为准。所以很忙的工程师一直忙不过来，导致完整的项目开发被延期。在数据领域，无论 Hadoop 还是 Spark，数据倾斜都集中在 Shuffle 阶段。解决数据倾斜问题的核心在于以下 3 点。

（1）将每个工程师的任务分配均匀。

（2）提高所有工程师的开发能力。

（3）调整分配任务的思路。

针对第 1 点：很多时候是由于业务本身的特殊性，导致数据比例严重失衡（很多数据是由少数用户产生）。需要做的是，提前在数据清洗时，适当聚合汇总一下源数据，减少源表数据量；剔除极易引起数据倾斜的用户数据，并单独处理，最终再和结果数据整合在一起；在键值上做处理，对于数据量大的单用户，再随机增加编码序号，从而间接性地打散密集数据的分布，促使数据分布均匀。

针对第 2 点：主要是优化 Shuffle 阶段的并行能力。该环节包含了大量的磁盘读写、序列化、网络数据传输等操作，有必要对 Shuffle 阶段的参数进行调优。

针对第 3 点：尽可能避免 Shuffle 阶段的出现。

综上所述，大概就是这三大类的处理方式，关键还是在于实践。

6. 必不可少的认识

上述内容提到了很多涉及 Hive 的介绍，包括 Hive 的 Python 接口、HQL（Hive 的数据仓库查询语言）与 SQL 的差异性、常用的基础命令、与 HBase 的整合及一些调优的策略等。

这些都是作为数据挖掘工程师，在业务场景建模前期，数据清时洗都需要掌握的技能。但同时，我们对于涉及参数调整的内容，也要有这样的认识：对于选项参数，在设计初期都只是解决其中的一个场景，并不能通过一次修改而一劳永逸，所以在修改时要考虑实际情况；对于开关参数，一般都有默认设置，默认设置通常意味着在大多数情况下这样设置是好的，默认设置一般不要乱改。

本节从 Hive 的知识广度和深度介绍得不够完整。但是对于数据挖掘工程师的工作内容来说，本节内容很有针对性，包括涉及的知识点、注意的细节，以及参数的调优。而且在后期的业务建模实践中，你会深有体会，探究一项技能，围绕着工作内容去针对性地学习才是最高效和有利的。

3.5 数据挖掘中的 HBase 技巧

3.5.1 知晓相关依赖包

在用 MapReduce 构建工程调用 HBase 时，不可避免的需要在 Maven 工程的 pom.xml 中添加依赖包，代码如下。

```
<dependency>
  <groupId>org.apache.hbase</groupId>
  <artifactId>hbase-common</artifactId>
  <version>1.2.0</version>
</dependency>
<dependency>
  <groupId>org.apache.hbase</groupId>
  <artifactId>hbase-client</artifactId>
  <version>1.2.0</version>
</dependency>
<dependency>
  <groupId>org.apache.hbase</groupId>
  <artifactId>hbase-server</artifactId>
  <version>1.2.0</version>
</dependency>
```

考虑到 HBase 社区已经更新了版本，也可以应用最新的依赖包版本，下载地址为 http://mvnrepository.com/。如果依赖包的下载速度过慢，可以试试在 Maven

安装目录下的 conf\settings.xml 配置中增加镜像地址，代码如下。

```
<! --阿里云仓库 -->
<mirror>
    <id>alimaven</id>
    <mirrorOf>central</mirrorOf >
    <name>aliyun maven</name>
    <url>http://maven.aliyun.com/nexus/content/repositories</url>
</mirror>
```

以上就是 Maven 工程中 HBase 依赖包加载设置的方法。

3.5.2　从 HBase 中获取数据

除了大家熟知的 HDFS 和本地目录可读取文件外，在使用 MapReduce 构建业务场景模型时也可以从 HBase 中去获取，而且对于某些场景来说会更合适。

设置 HBase 表的初始化参数（为了便于理解，用中文代替了英文），代码如下。

```
public static final String conf_table_name = "table.name";
private static byte[] FAMILY_NAME = Bytes.toBytes("列族");
private static byte[][] QUALIFIER_NAME = { Bytes.toBytes("属性
1"),Bytes.toBytes("属性2")};
```

关于 Map 阶段的处理（为了便于理解，用中文代替了英文），代码如下。

```
public static class dealMapper extends TableMapper<Text, Text> {
    @Override
    protected void map(ImmutableBytesWritable key, Result value,
Context context)
            throws IOException, InterruptedException {
        String 属性 1 = Text.decode(value.getValue(FAMILY_NAME,
QUALIFIER_NAME[0]));
        String 属性 2 = Text.decode(value.getValue(FAMILY_NAME,
QUALIFIER_NAME[1]));
        context.write(new Text(属性 1+"_feature1"),new Text(属性 2+
"_feature2"));
    }
}
```

到这一步，整个 HBase 的数据获取工作主要体现在 Map 阶段，至于 Reduce

阶段就是熟知的流程了。执行模块设置，代码如下。

```
public static Boolean run(String HBase 表名,String 输出目录) throws
IOException {
        Configuration conf = new Configuration();
        conf.set("fs.defaultFS", "hdfs://IP 地址:端口");
        conf.set("hbase.zookeeper.quorum", "设置 zookeeper 地址");

        Job job = Job.getInstance(conf, "demo");
        job.setJarByClass(demo.class);
        Scan scan = new Scan();
        scan.setCaching(1000);
        scan.setCacheBlocks(false);
        TableMapReduceUtil.initTableMapperJob(HBase 表名 , scan,
dealMapper.class, Text.class,
                Text.class, job, false);
        job.setReducerClass(dealReducer.class);
        job.setNumReduceTasks(1);
        job.setOutputKeyClass(Text.class);
        job.setOutputValueClass(Text.class);
        Path outputPath = new Path(输出目录);
        FileOutputFormat.setOutputPath(job, outputPath);
        outputPath.getFileSystem(conf).delete(outputPath,true);
        Boolean result=job.waitForCompletion(true);
        //返回执行结果
        return (result);
    }
```

以上内容就是在构建业务模型中，从 HBase 中获取源数据，然后经过模型处理，最终存储到 HDFS 文件目录的全过程。

3.5.3　往 HBase 中存储数据

这一步的操作和大家网上熟知的操作存在一定差异，可以说这种 HFile 的方式相对每行数据的插入，效率要快得多，认可度比较高。以往的数据存储形式如下。

```
Public static class dealReducer extends TableReducer<Text,
IntWritable,ImmutableBytesWritable> {
Public void reduce(Text key , Iterable< IntWritable> values , Context
```

```
context) throws IOException , InterruptedException {
    //Reduce 的处理过程
    Put put = new Put(key.getBytes());
    Put.add(Bytes.toBytes(" 列 族 "),Bytes.toBytes(" 列 "),Bytes.
toBytes(String.valueof(值)));
    Context.write(new ImmutableBytesWritable(key.getBytes()),put);
    }
    }
```

一行一行数据的插入方式，会影响整体效率（速度真的慢）及 HBase 的使用情况。因为 HFile 本来是 HBase 存储数据的文件组织形式，通过 MapReduce 先生成 HFile 文件，再将存储位置转移至 HBase 相应的表结构，采取这种形式会快得多。

Map 阶段的处理如下。

```
public static class TagImportTsvMapper extends TsvImporterMapper
{
        public static final String conf_table_name = "表名";
        private static byte[] FAMILY_NAME = Bytes.toBytes("列族");
        private static byte[][] QUALIFIER_NAME = { Bytes.toBytes("
属性 1"),Bytes.toBytes("属性 2")};

        @Override
        public void map(LongWritable key, Text value,Context context)
throws IOException {
                String[] fileds = value.toString().split(ToolsSymbol.
SEPARATOR1);
                ImmutableBytesWritable rowkey = new ImmutableBytesWritable
(Bytes.toBytes(fileds[0]));
                Put putrow = new Put(Bytes.toBytes(fileds[0]));
                putrow.addImmutable(FAMILY_NAME, QUALIFIER_NAME[1], Bytes.
toBytes(fileds[1]));
                try {
                    context.write(rowkey, putrow);
                } catch (InterruptedException e) {
                    e.printStackTrace();
                }
        }

        }
```

以上就是整个数据生成 HFile 文件的 Map 阶段，下面是执行模块代码。

```
    public static Boolean HbaseLoadRun(String 表名,String 输入目
录,String 输出目录)
        throws Exception{
    Configuration conf = new Configuration();
    conf.set("fs.defaultFS", "hdfs 目录地址");
    conf.set("hbase.zookeeper.quorum", "zookeeper 地址");
    //HBase 配置参数，可默认
    Calendar c = Calendar.getInstance();
    Long ls = c.getTimeInMillis();
    conf.set("importtsv.bulk.output", 输出目录);
    conf.setLong("importtsv.timestamp", ls);
    conf.set(TagImportTsvMapper.conf_table_name, MAP_TABLE_NAME);
    conf.set(ImportTsv.COLUMNS_CONF_KEY, "列族:属性");
    conf.setInt(HConstants.HBASE_RPC_TIMEOUT_KEY, 3600000);

    Job job = Job.getInstance(conf, "AssetsStatistics");
    job.setJarByClass(工程方法类);
    job.setMapperClass(map 阶段方法类);
    job.setReducerClass(PutSortReducer.class);
    job.setInputFormatClass(TextInputFormat.class);

    Path inputDir = new Path(输入目录);
    FileInputFormat.setInputPaths(job, inputDir);
    job.setMapOutputKeyClass(ImmutableBytesWritable.class);
    job.setMapOutputValueClass(Put.class);
    FileSystem fs = FileSystem.get(conf);
    Path outPath = new Path(CONFIG_OUTPUT);
    if (fs.exists(outPath))
        fs.delete(outPath, true);
    FileOutputFormat.setOutputPath(job,outPath);
    //HFile 文件的生成过程
    Connection connection = ConnectionFactory.createConnection
(conf);
    TableName table = TableName.valueOf(HBase 表名);
    HFileOutputFormat2.configureIncrementalLoad(job,
connection.getTable(table),
        connection.getRegionLocator(table));
    TableMapReduceUtil.addDependencyJars(job);
```

```
    TableMapReduceUtil.addDependencyJars(job.getConfiguration(),
com.google.common.base.Function.class);
    //第一阶段，将数据生成 HFile 文件并执行
    Boolean resultOne=job.waitForCompletion(true);
    //第二阶段，调用 doBulkLoad 方法转移文件
    Boolean    resultTwo=ToolsHbaseLoad.doBulkLoad(conf,   CONFIG_
OUTPUT, MAP_TABLE_NAME);
    //返回执行结果
    return (resultOne&&resultTwo?true:false);
  }
 }
```

对于其中调用的 doBulkLoad 方法，具体实现形式如下。

```
    public static void doBulkLoad(Configuration configuration, String
pathToHFile, String tableName) throws Exception {
        try {

        HBaseConfiguration.addHbaseResources(configuration);
        LoadIncrementalHFiles loadFfiles = new LoadIncremental-
HFiles(configuration);
        HTable hTable = new HTable(configuration, tableName);
        loadFfiles.doBulkLoad(new Path(pathToHFile), hTable);
        System.out.println("Bulk Load Completed..");
        } catch (Exception e) {
        log.error("doBulkLoad failed==>" + pathToHFile + "=" +
tableName);
        throw e;
        }
    }
```

通过上述所有代码实现的就是在构建模型过程中，对结果数据存储在 HBase 的所有过程。为目前使用 HBase 环节中遇到问题的读者提供解决方案。本文不涉及 HBase 在集群的搭建，以及具体的实践过程。后期会单独针对不熟悉 HBase 的读者，进行相关知识的介绍。

第 4 章

大数据挖掘基础篇

4.1 MapReduce 和 Spark 做大数据挖掘的差异

对于一些读者而言，做技术（包括大数据挖掘、深度学习），优先选择最主流的技术，跟上开源社区的节奏，这样才能让自己不被这个大数据时代所淘汰。出发点没错，可是在笔者看来，对待每一次技术的选型，应该客观地结合数据业务的适用场景，也应该认真地做一定的调研分析，做到"知其然，知其所以然"。

4.1.1 初识 Hadoop 生态系统

从古到今，数据一直存在着，大数据也并不是起源于 Hadoop，更不会受限于 Hadoop 的发展。大数据这个概念的爆发源于 2014 年左右，Hadoop 被推广使用，这是无可非议的。

互联网每天都会产生巨大的数据量，从 GB 级到 TB 级，乃至 PB 级和 EB 级，这些大数据包括很多方面，如生活、网络、通信、出行和饮食等，而且越来越多的公司开始重视积累数据了。

1 EB = 1024 PB = 1024 × 1024 TB = 1024 × 1024 × 1024 GB

2014—2016 年年底，在我看来，整个大数据领域做对了两件事：数据积累和大数据平台的基础性建设。

笔者经常和团队的开发成员说："当下大数据价值还没真正地被挖掘出来，这不是代表我们做的数据产品不够好，而是整个大环境本身就是这样。经过这么多年的努力，可以说整个大数据环境的准备工作已经做完了，接下来的时间就能真正花心思彰显大数据的价值。而且这个时间，我认为不会等太长。"

所以，前期我们还需要了解整个 Hadoop 生态系统所涉及的技术面，这才是可以真正做好大数据挖掘的前提，而不是仅仅只考虑算法和模型这个层次面的技术，知道它的来龙去脉。

Hadoop 生态系统，如图 4-1 所示。

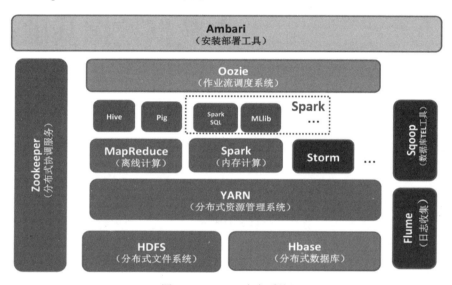

图 4-1　Hadoop 生态系统

有时候可以将 Hadoop 生态系统看作是一个软件库框架，其包含了很多重要组件。因为有着严格的选择标准，Apache 下的项目并不会显得拥挤和重复，反而各有其职，分别提供特定的服务。

- Apache Hive：数据仓库基础设施，提供数据汇总和特定查询。它是最常用的大数据 ETL 工具，底层的计算引擎支持 MR 和 Spark 等。
- Apache Spark：提供大数据集上快速进行数据分析的计算引擎。它建立在 HDFS 之上，却绕过了 MapReduce 而使用自己的数据处理框架。适用于实时查询、流处理、迭代算法、复杂操作运算和机器学习。
- Apache Ambari：用来协助管理 Hadoop，它提供对 Hadoop 生态系统中许多工具的支持，包括 Hive、HBase、Pig、Spooq 和 ZooKeeper。这个工具提供集群管理仪表盘，可以跟踪集群运行状态，帮助诊断性能问题。

- Apache Pig：一个集成高级查询语言的平台，可以用来处理大数据集，现在很少使用了。
- Apache HBase：一个非关系型数据库管理系统，运行在 HDFS 之上。它用来处理大数据工程中的稀疏数据集，在做业务场景建模中使用很多。

其他常见的 Hadoop 项目还包括 Avro、Cassandra、Chukwa，Sqoop 和 ZooKeeper 等。

对于一个优秀的大数据挖掘工程师来说，在整个业务场景建模的过程中，经常会使用到的主要有 Hive（用来做数据清洗）、HDFS（存储模型数据的文件系统）、MapReduce（写模型需要的分布式计算框架）、Spark（写模型需要的迭代式计算框架）和 HBase（特殊模型数据存储）。

作为一个优秀的大数据挖掘工程师，要时刻清楚自己在整个大数据生态系统所扮演的角色，以及所处的位置，如图 4-2 所示。

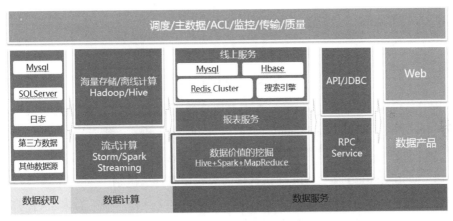

图 4-2　大数据挖掘工程师在大数据生态系统所扮演的角色

4.1.2　知晓 Spark 的特点

谈起 Spark，很多人对它特别着迷，甚至一些初学者完全抛弃 Hadoop，直接接触 Spark。这样做对自己的发展是不利的，对任何技术来说，都需要先真正了解它的背景，知道它的发展是如何变迁的，才会将其使用得更好。

1. MapReduce 的不足之处

在 Spark 诞生前，MapReduce 的使用存在着很多局限性。

（1）这套分布式计算框架支持的操作很有限，仅有 Map 和 Reduce 两种。

（2）处理效率很低，中间结果的不断写磁盘操作，以及每一次任务的初始化启动时间，还有强制性的数据排序以及内存的利用率低。

（3）开发周期长，重复代码量很多，不简洁且不高效。

（4）实时性不够高，不适合进行迭代式计算，使用场景很单一，只针对离线。

所以由于这些种种因素，迫使人们渴望一种更全能的计算框架来满足更多的业务场景的需求。

2. Spark 的诞生

Hadoop 生态系统的开源社区探索者们就开始思考一个问题：能否有一种灵活的框架，可以包括批处理、流式计算，以及交互式计算呢？

最终集三者为一体，发布了 Spark 这样的迭代式计算框架，如图 4-3 所示。

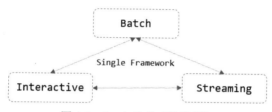

图 4-3　Spark 迭代式计算框架

相比 MapReduce 而言，Spark 有很多自身的优势，如高效、易用和集成性高。目前 Spark 支持 4 种语言：Scala、Java、Python 和 R 语言。推荐用它原生的底层语言 Scala 来进行编程，相信你会有不一样的收获。

3. MapReduce 和 Spark 在执行任务过程中有什么区别

我们这里可以看看它们分别对于执行任务的定义。在一些人看来，它们都是向集群提交任务，那么执行任务过程不就都一样吗？

简单来说，一个 MapReduce 过程就是一次作业（称为 Task，包含 Map 和 Reduce 阶段），而一个完整的 MapReduce 工程可能包含多次执行作业（称为 Job），有多个执行阶段，重复的初始化启动过程。

在 Spark 中，涉及的概念会更多，而且有差异性。

```
new SparkContext(new SparkConf().setAppName())
```

上面的一个 SparkContext 对应一个 Application，而每个 Application 可能会有一个或多个 Job 来进行执行。

对于具体的 Job，可能会因为数据的因素存在多个 Stage 来进行处理，最终每个 Stage 可以包含多个 Task 去执行，如图 4-4 所示。

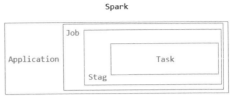

图 4-4 MapReduce 与 Spark 的处理结构

整个任务进程的生命周期可以通过如下命令进行查看。

```
yarn application -list
```

以上就是关于使用 Spark，前期需要了解的背景知识和它与 MapReduce 的差异性和自身特点。

4.1.3 编程的差异性

如果你曾经接触过 MapReduce 和 Spark，应该知道它们所支持的语言。MapReduce 底层是用 Java 来封装实现的。如果要写出一个完整的 MapRedcue 过程，只需要实现好 Map 阶段和 Reduce 阶段就可以了。

所以，有些朋友了解 Hadoop Streaming 编程，也可以用别的语言进行实现，如 Python、C 语言和 Shell 脚本等。

Hadoop Streaming 是 Hadoop 提供的一个编程工具，它支持使用任何可执行文件或者脚本文件作为 Mapper 和 Reducer。

其执行过程如下。

```
hadoop jar hadoop-*-streaming.jar -input X -output Y -mapper M
-reducer R
```

其中 X 为输入目录、Y 为输出目录、M 为 Map 阶段执行，R 为 Reduce 阶段执行。

在一般的业务场景建模实践中，都提倡使用底层原生的语言 Java 来写这个过程，因为这么做灵活度比较高，可实现的功能多，不会受实际业务场景的限制。

有朋友提到 Mahout，说底层是用 MapReduce 来实现很多算法库的。这一点没错，但是不适用了。现在在大数据平台，很少会采用 Mahout 来做数据挖掘的工作。

原因一方面是效率低，它更多的是在单机环境中完成的执行过程（后期有支持分布式）；另一方面是灵活度不高，支持的场景少，修改底层麻烦。一些人认为，本来 MapReduce 就不复杂，为什么不自己写呢？

对于用 MapReduce 来构建业务场景模型，实现好这 3 个数据处理模块（Map、Reduce 和 Drive 模块）就可以了。

```
public static class dealMap extends Mapper<..>{
  public void map(..) throws Exception{
    ...//Map 阶段
  }
}

public static class dealReduce extends Reducer<..> {
  public void reduce(...) throws Exception{
    ...//Reduce 阶段
  }
}

public static Boolean drive(输入,输出) throws Exception{
    Configuration conf = new Configuration();
    Job job = Job.getInstance(conf, "...");
    job.setJarByClass(...);
    job.setMapperClass(...);
    job.setReducerClass(...);
    ...//Drive 阶段
    Boolean result=job.waitForCompletion(true);
    return result;
}

public static void main(String[] args) throws Exception {
    run("输入目录","输出目录")
}
```

打包发布到集群的执行方式如下。

```
hadoop jar demo.jar 执行 class 名   输入目录   输出目录
```

对于 Spark 而言，为了考虑兼容性，也为了让更多人使用 Spark，Spark 也支持一些语言写 Spark 程序，目前有 Scala、Python、Java 和 R 语言。但还是推荐用它原生的语言（Scala）去编写，因为这么做能增加使用者对 Spark 的理解程度和熟练度。

这里只讨论 Spark 1.6 版本，Spark 2.0 版本调整很大，目前迁移有一定的时间成本。对于 Spark 而言，能够理解 RDD（又称弹性分布式数据集）相关的知识点，写代码就不会有太大问题。RDD 更详细的功能是什么呢？

- 它是分布在集群中的只读对象集合（由多个 Partition 构成）。
- 它可以存储在磁盘或内存中（多种存储级别），也可以从这些渠道来创建。
- Spark 运行模式都是通过并行转换操作构造 RDD 来实现转换和启动的。同时 RDD 失效后会自动重构。

对于 RDD 的操作，主要是围绕 Transformation 和 Action 进行的。因为它是惰性执行，所以在代码里只有 Action 系列的算子可以触发程序去计算执行。

对于 Spark 构建业务场景模型来说，同样实现好这几个功能就可以了（初始化、RDD 处理和执行、结果存储）。

```
def main(args:Array[String]):Unit={
    if(args.length!=2) {
        println("Usage: ...")
        System.exit(1)
    }
    //第 1，初始化模块
    //本地: val sc = new SparkContext("local","...")
    //yarn: val sc = new SparkContext(new SparkConf().setAppName
("..."))
    val data = sc.textFile("输入目录")
    //第 2，RDD 处理和执行模块
    val resultData = data .map(_.split("分隔符")).map(...)
    //第 3，结果存储模块
    resultData .saveAsTextFile("输出目录")
    sc.stop()
}
```

这就是整个 Spark 程序的所有代码，如果说涉及模型和算法的接入，更多的是会在第 2 个模块（RDD 处理和执行）将特征向量输入模型中。

打包发布到集群的执行方式如下。

```
spark-submit --master yarn-cluster --driver-memory 5g --executor-
memory 2g --num-executors 20 ...
```

所以相对于用 MapReduce 编程，用 Scala（Spark 的编程语言）的简洁性更好，开发效率也更高。

4.1.4　它们之间的灵活转换

或许有些朋友有这样的思考："我只了解其中一种，如果到新的环境需要用另外一种建模，是不是又要重新学习？"所以我提倡大家在接触 Spark 前，最好先了解 Hadoop 相关的一些知识，因为对于快速理解编程的思想很有帮助。

和大家分享我的一个感悟，我接触 Spark 初期就觉得对它很熟悉，因为我在它身上看到了 MapReduce 处理数据的逻辑，看到了 Python 函数式编程和DataFrame 的风格，所以学得很快。没过多久，我就将以前很多用 MapReduce 写的业务场景模型工程，调整成了 Spark 版本的。

接下来，用一个简单的算法（Sigmoid 函数）讲解这个问题：如何在两者之间进行灵活转换。

1．场景描述

在评估用户的风险度打分环节，为了让评分更直观、更便于理解，很多时候可以选择对模型后期的风险值进行简单的归一化处理（调整得分在 0～100 之间）。这里可以采用 Sigmoid 函数来进行这个操作，具体表达式如下。

$$S(x) = \frac{1}{1 + e^{-x}}$$

分子在后期调整成为 100。结合上述的背景描述，可以把这个算法的输入看作两个字段（userid，最初 Value），按逗号进行分割。所以，这个输入文件就是所有用户的 ID 和最初风险值，整个模型需要调整的是将最初风险值重新计算为归一化风险值，输出格式为 userid，归一化 Value。

2．工程实现

```
def decayRate(value:Double):Double = {
    //Sigmoid 函数
    round(100.0/1+math.exp(-value),4)
}
```

执行过程的代码如下。

```
val sc = new SparkContext("local","Sigmoid")
val data = sc.textFile(INPUTDATA)
val resultData = data.map(_.split(",")).map(record =>
    {
        val resultStr = new StringBuilder()
        val mid = record(0)
```

```
        val value = record(1)
        val updateValue = decayRate(value.toDouble)
        resultStr.append(mid).append(",")
        resultStr.append(updateValue.toString())
    }
)
resultData.saveAsTextFile(OUPUTDATA)
sc.stop()
```

某一天，领导为了考察你的灵活性，让你把它转换成 MapReduce 版本的。掌握数据处理的流程和算法的调用，就能完美地完成这个小考验。代码如下。

```
public static class dealMap extends Mapper<Object,Text,Text,Text>{
    public void map(Object key, Text value, Context context)
            throws IOException{
        String[] data=value.toString().split(",");
        String mid = data[0];
        String value = data[1];
        double updateValue = decayRate(Double.parseDouble(value));
        context.write(new  Text(mid),  new  Text(Double.toString
(updateValue)));
    }
}
```

这个 MapReduce 工程完全不需要 Reduce 阶段，只需要经过 Map 阶段的数据处理就可以完成了。所以，能够把核心的处理过程理解透，不管是用哪一种工具，都只是一种表现形式而已。

4.1.5　选择合适的工具

很多人热衷于学习各种技术，但是在我看来，技术本身是为了更好地服务于业务。就像大数据，它本身也不是稀奇古怪的，处理数据的过程、挖掘的逻辑、数据展示的形式和数据化运营的思想，其实都和传统模式有一些本质上的雷同。

但是为什么我们需要学习大数据生态圈的技术呢？那是因为需要用合适的工具、合适的方式处理大数据业务场景下的问题。所以，对于实际业务场景的建模，在面对 Spark 和 MapReduce 的选择时，可以参考以下几个方面后做决策。

（1）如果追求稳定性，不想因为莫名其妙的参数配置导致 Spark 程序崩溃，首选 MapReduce。

（2）如果对于平台资源调度的时间有严格的把控，同时 Spark 工程的执行效率明显高于 MapReduce 时，那么推荐用 Spark。

（3）如果追求快速开发，偏好简洁的代码风格，推荐用 Spark。

（4）如果在数据流程中，中间数据量很大，以及中间结果很多，推荐用 MapReduce。

其实还有一些业务场景会考虑其他方面，但是最先考虑的还是稳定性、开发执行效率和复杂性这几个方面。送给大家一句话："让技术不受想法的限制"。

4.2 搭建大数据挖掘开发环境

工欲善其事，必先利其器。如果不懂得构建一套大数据挖掘环境，何谈 Data Mining，何来领悟"Data Mining Engineer"中的工程！

1. Java 的安装和配置（1.7 版本或者 1.8 版本）

- 理由：这是必须部署的环境。注意区分 Java 版本，以及个人主机是 32 位还是 64 位操作系统。
- 下载：本文提供 Java 1.8 版本的下载，其中适用于 32 位操作系统下载地址为 http://pan.baidu.com/s/1bpF5Uhh；适用于 64 位操作系统的下载地址为 http://pan.baidu.com/s/1nuZUa2d。
- 安装配置
  - ➢ 安装：运行安装程序，进行向导安装，并指定安装目录，本文选择默认安装路径，如图 4-5 所示。

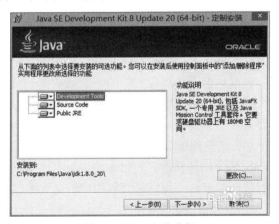

图 4-5　JDK 安装路径

> 配置：设置环境变量 JAVA_HOME 和路径 PATH，选择【我的电脑】→【系统属性】→【高级系统设置】→【环境变量】，如图 4-6 所示。

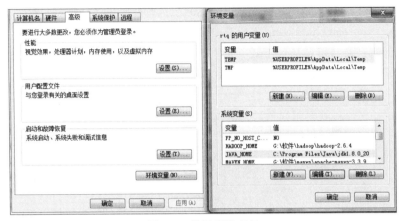

图 4-6　设置环境变量

（1）新建 JAVA_HOME，为 C:\Program Files\Java\jdk1.8.0_20。

（2）新建 CLASSPATH，为 ".;%JAVA_HOME%/lib/dt.jar;%JAVA_HOME%/lib/tools.jar;"

（3）编辑 PATH，添加 ";%JAVA_HOME%/bin;%JAVA_HOME%/jre/bin"

最终成功安装 Java 的界面，如图 4-7 所示。

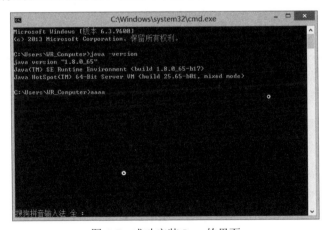

图 4-7　成功安装 Java 的界面

2. IDE 的安装和配置（Eclipse 或者 Spring Tool Suite）

- 理由：编写工程代码的集成环境，也就是写代码的地方。注意区分 IDE 版本，以及个人主机是 32 位还是 64 位操作系统。

- 下载：本文提供最新 STS 版本的下载，其中适用于 32 位操作系统的下载地址为 http://pan. baidu.com/s/1o7S04rC；适用于 64 位操作系统的下载地址为 http://pan.baidu.com/s/1hs7onJm。也可以使用 Eclipse 或 SBT。
- 安装配置：将安装包下载并放在选定目录，进行解压就可以了，如图 4-8 所示。并创建桌面快捷方式，方便以后使用。

名称	修改日期	类型	大小
configuration	2017/7/17 8:04	文件夹	
dropins	2016/6/17 9:24	文件夹	
features	2016/12/22 16:38	文件夹	
META-INF	2015/3/9 20:45	文件夹	
p2	2016/6/16 17:22	文件夹	
plugins	2016/12/22 16:38	文件夹	
readme	2015/3/9 20:45	文件夹	
.eclipseproduct	2015/3/9 20:47	ECLIPSEPRODUC...	1 KB
artifacts	2016/12/22 16:38	XML 文档	356 KB
eclipsec	2015/3/9 20:40	应用程序	18 KB
epl-v10	2015/1/28 10:08	HTML 文档	13 KB
license	2015/3/9 20:33	文本文档	12 KB
notice	2015/1/28 10:08	HTML 文档	9 KB
open_source_licenses	2015/3/9 20:33	文本文档	1,855 KB
STS	2015/3/9 20:40	应用程序	306 KB
STS	2016/7/29 15:34	配置设置	1 KB
STS	2016/6/16 17:20	快捷方式	1 KB

图 4-8　将 STS 解压后的界面

在后期使用 IDE 时，先设置好以下 3 点。

（1）字体大小和类型。

（2）缩进方式。

（3）代码行数序号。

3. IDE 插件的加载

- 理由：编写 MapReduce、Spark 工程需要的插件，注意区分 Hadoop 版本。
- 下载：本文提供 Hadoop 2.6.0 版本的插件，下载地址为 http://pan.baidu.com/s/1mi81U68。
- 安装配置：将 Jar 包放在 STS 目录下，位于\sts-bundle\sts-3.8.1.RELEASE\dropins 下。

4. Maven 的安装配置

- 理由：开发实践数据挖掘项目，更多的是采用 Maven 进行项目管理。

- 下载：本文提供两个版本的下载，其中 Maven 3.3.3 版本下载地址为 http://pan.baidu.com/s/1qYK5fQ0；Maven 3.3.9 版本下载地址为 http://pan. baidu.com/s/1hrHhx8w。
- 安装配置：将安装包解压并放在指定目录下，设置全局变量 M2_HOME 和添加路径 PATH，如图 4-9 所示。

图 4-9　设置 Maven 的全局变量和路径

成功安装 Maven 的界面，如图 4-10 所示。

图 4-10　成功安装 Maven 的界面

5. Hadoop 包的下载和配置

- 理由：代码执行过程中依赖 Hadoop 的环境，需要单独配置 Hadoop 的执行路径。
- 下载：本文提供 Hadoop 2.6.0 版本的下载，下载地址为 http://pan.baidu.com/ s/1slEx0nF。
- 安装配置：将安装包解压并放在指定目录下，设置全局变量 HADOOP_HOME 和添加路径 PATH，如图 4-11 所示。

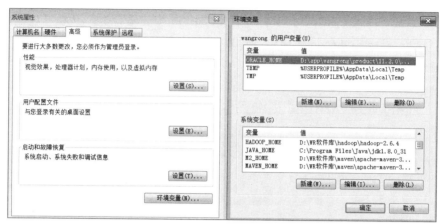

图 4-11　配置 Hadoop 的全局变量和路径

6．Hadoop 插件的加载和配置

- 理由：代码执行过程中依赖 Hadoop 的 JAR 插件，需要单独编译或下载，放置在上述 Hadoop 解压包的 bin 目录下。

- 下载：本文提供 Hadoop 2.6.0 版本的插件下载，其中适用于 32 位操作系统的下载地址为 http://pan.baidu.com/s/1qYltofi；适用于 64 位操作的下载地址为 http://pan.baidu.com/s/1jIoToPK。

- 安装配置：将安装包解压并放在指定目录下，将 hadoop.dll 和 winutils.exe 放在 Hadoop 的 bin 目录下就可以了，如图 4-12 所示。

名称	修改日期	类型	大小
container-executor	2016/2/12 17:57	文件	156 KB
hadoop	2016/2/12 17:57	文件	6 KB
hadoop	2016/2/12 17:57	Windows 命令脚本	9 KB
hadoop.dll	2014/12/3 3:56	应用程序扩展	84 KB
hdfs	2016/2/12 17:57	文件	11 KB
hdfs	2016/2/12 17:57	Windows 命令脚本	7 KB
hdfs.dll	2014/12/3 3:57	应用程序扩展	43 KB
mapred	2016/2/12 17:57	文件	6 KB
mapred	2016/2/12 17:57	Windows 命令脚本	6 KB
rcc	2016/2/12 17:57	文件	2 KB
test-container-executor	2016/2/12 17:57	文件	197 KB
winutils	2014/12/5 20:44	应用程序	98 KB
yarn	2016/2/12 17:57	文件	12 KB
yarn	2016/2/12 17:57	Windows 命令脚本	11 KB
zlib1.dll	2014/11/25 21:53	应用程序扩展	66 KB

图 4-12　将 Hadoop 插件放置于 bin 目录下

7．Spark 包的下载和配置

- 理由：代码执行过程中依赖 Spark 的配置环境，需要将下载包解压并放在指定目录下，并设置全局变量和路径。

- 下载：本文提供 spark-1.6.2-bin-hadoop 2.6 版本的插件下载，下载地址为 http://pan.baidu.com/s/1hr4WguC。
- 安装配置：将安装包解压并放在指定目录下，设置全局变量 SPARK_HOME 和添加路径 PATH，如图 4-13 所示。

图 4-13　配置 Spark 的全局变量和路径

通过上述操作，可以通过图 4-14 所示界面来验证 Spark 包的安装和配置是否成功。

图 4-14　Spark 配置成功的显示界面

8. Scala 环境的安装和配置

- 理由：代码执行过程中依赖 Scala 的配置环境，需要安装 Scala 环境，并设置全局变量和路径。

- 下载：本文提供三个版本的安装包下载，其中 Scala 2.10.1 版本下载地址为 http://pan.baidu.com/s/1mimNpWk；Scala 2.10.4 版本下载地址为 http://pan.baidu.com/s/1dFKR7JN；Scala 2.11.0 版本下载地址为 http:// pan.baidu.com/s/1dFeUcfR 下。

- 安装配置：将安装包安装在指定目录，设置全局变量 SCALA_HOME 和添加路径 PATH，安装成功的界面，如图 4-15 所示。

图 4-15　Scala 安装成功的界面

9. Scala IDE 集成插件的加载和配置

- 理由：IDE 集成环境执行过程中依赖 Scala 插件的相关 JAR 包，需要单独下载相应版本的 Scala IDE，并将 features 和 plugins 目录下的文件都复制到上述 STS 集成环境下。

- 下载：本文提供两个版本的包下载，其中适用于 32 位操作系统的下载地址为 http://pan.baidu.com/s/1nuPeKXz；适用于 64 位操作系统的下载地址为 http://pan.baidu.com/s/1miC5E2G。

- 安装配置：将安装包解压，复制 features 和 plugins 目录下的文件到 \sts-bundle\sts-3.8.1.RELEASE\下的同命名文件目录中，如图 4-16 所示。

电脑 ▶ 软件 (E:) ▶ STS ▶ sts-bundle ▶ sts-3.8.1.RELEASE ▶			
名称	修改日期	类型	大小
configuration	2016/9/25 20:48	文件夹	
dropins	2016/9/25 18:02	文件夹	
features	2016/9/25 20:43	文件夹	
META-INF	2016/7/29 2:01	文件夹	
p2	2016/9/25 20:51	文件夹	
plugins	2016/9/25 20:41	文件夹	
readme	2016/7/29 2:01	文件夹	
.eclipseproduct	2016/7/29 2:14	ECLIPSEPRODUC...	1 KB
artifacts	2016/9/25 20:43	XML 文件	327 KB
eclipsec	2016/7/29 1:50	应用程序	18 KB
license	2016/7/29 1:41	文本文档	12 KB
open_source_licenses	2016/7/29 1:41	文本文档	2,243 KB
STS	2016/7/29 1:50	应用程序	306 KB
STS	2016/9/25 20:43	配置设置	1 KB

图 4-16　将 Scala IDE 集成插件复制到 STS 指定目录中

通过以上 9 个步骤的下载、安装和配置，一个基于 Windows 操作系统的标配大数据挖掘环境就已经搭建好了。如果每个步骤要操作都没问题，就如图 4-17 所示。

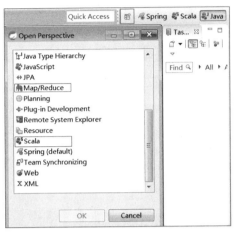

图 4-17　每个步骤的下载安装和配置都成功后所显示界面

接下来就利用上述部署的大数据挖掘环境做一个实践项目开发的流程。

（1）创建 Maven 工程，如图 4-18 和图 4-19 所示。

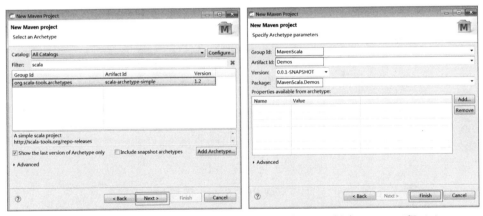

图 4-18　创建 Maven 工程（1）　　　　图 4-19　创建 Maven 工程（2）

注意：创建 Maven 工程时，按步骤输入 Scala 时没有内容被加载，遇到这样的情况，单击"Add Archetype"按钮，按照图 4-18 的内容输入前三个选项，最后单击"Fnish"按钮就可以加载了。

（2）创建 Maven 工程中的对象，如图 4-20 所示。若创建成功，如图 4-21 所示。

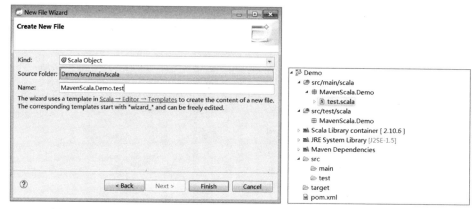

图 4-20　创建 Maven 工程中的对象

图 4-21　创建成功

如果你依赖 Spark 1.6 系列，那么 Scala 匹配 2.10 版本。而 Spark 2.0 系列是匹配 Scala 2.11 或更高版本，则需要进行图 4-22 和图 4-23 所示的修改。

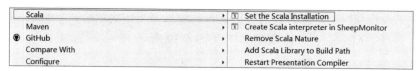

图 4-22　第一步操作

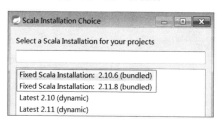

图 4-23　第二步操作

（3）配置好 pom.xml 文件，下载相关 Spark 依赖包。

```
<dependency>
    <groupId>org.apache.spark</groupId>
    <artifactId>spark-core_2.10</artifactId>
    <version>1.6.0</version>
</dependency>
<dependency>
    <groupId>org.apache.spark</groupId>
```

```
    <artifactId>spark-sql_2.10</artifactId>
    <version>1.6.0</version>
</dependency>
<dependency>
    <groupId>org.apache.spark</groupId>
    <artifactId>spark-mllib_2.10</artifactId>
    <version>1.6.0</version>
</dependency>
<dependency>
    <groupId>org.apache.hadoop</groupId>
    <artifactId>hadoop-client</artifactId>
    <version>2.6.0</version>
</dependency>
```

工欲善其事，必先利其器。这句话用在大数据挖掘领域时有两层逻辑，一层是在要踏入大数据挖掘领域时，应该学会部署一个上述这样的环境。因为它对于你的模型工程开发、集群任务提交、数据产品项目开发，甚至是以后的模型优化重构都至关重要；另一层是笔者希望真正想学习大数据挖掘的读者，要走一个正确的方向，真正理解大数据生态圈的特点，要致力于为数据产品提供源源不断的大数据挖掘体系而奋斗。

4.3　动手实现算法工程

对于这部分的介绍，不扩展到 Spark 框架深处，仅仅介绍与大数据挖掘相关的一些核心知识，主要分为以下几点。

1. 初步了解 Spark

（1）适用性强：Spark 是一种灵活的框架，可同时进行批处理、流式计算、交互式计算。

（2）支持语言：目前 Spark 只支持 4 种语言，分别为 Java、Python、R 语言和 Scala。笔者推荐尽量使用原生态语言 Scala。毕竟数据分析圈和做数据科学研究的人群很多，为了吸引更多的人使用 Spark，所以兼容了常用的 R 语言和 Python。

2. Spark 与 MapReduce 的差异性

（1）高效性：主要体现在四个方面：提供 Cache 机制减少数据读取的 I/O 消

耗、DAG 引擎减少中间结果到磁盘的开销、使用多线程池模型减少 task 启动开销、减少不必要的 sort 排序和磁盘 I/O 操作。

（2）代码简洁：解决同一个场景模型，代码总量能够减少到使用 MapReduce 的 1/2~1/5。从以前使用 MapReduce 写模型转换成使用 Spark。

3. 要理解 Spark 就要先读懂 RDD

（1）Spark 2.0 版本虽然已经发布了测试版本和稳定版本，但是迁移有一定的成本和风险，目前很多公司还处于观望阶段。

（2）RDD（Resilient Distributed Datasets）又被称为弹性分布式数据集。

（3）它是分布在集群中的只读对象集合（由多个 Partition 构成）。

（4）它可以存储在磁盘或内存中（多种存储级别），也可以从这些渠道来创建。

（5）Spark 运行模式都是通过并行转换操作构造 RDD 来实现转换和启动。同时 RDD 失效后会自动重构。

4. 从几个方面理解 RDD 的操作

（1）Transformation：可通过程序集合、Hadoop 数据集、已有的 RDD 三种方式创造新的 RDD。这些操作都属于 Transformation（map、filter、groupBy、reduceBy 等）。

（2）Action：通过 RDD 计算得到一个或一组值。这些操作都属于 Action（count、reduce、saveAsTextFile 等）。

（3）惰性执行：Transformation 只会记录 RDD 转化关系，并不会触发计算。Action 是触发程序执行（分布式）的算子。

RDD 的操作概览，如图 4-24 所示。

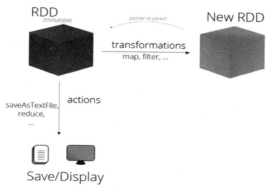

图 4-24　RDD 的操作概览

4.3.1　知晓 Spark On Yarn 的运作模式

除了本地模式的 Spark 程序测试，大部分工作都是基于 Yarn 去提交 Spark 任务去执行。因此对于提交执行一个 Spark 程序，主要有如图 4-25 所示流程的运作模式（提交任务：bin/Spark-submit --master yarn-cluster --class ……）

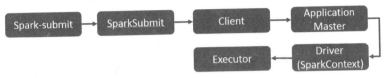

图 4-25　提交执行一个 Spark 程序流程的运作模式

要懂得 Spark 本地模式和 Yarn 模式的提交方式（不讨论 Standalone 独立模式）。

介绍上述概念、执行流程和运作方式的目的在于给做大数据挖掘的读者一个印象，让大家不至于盲目、错误地使用 Spark，从而导致线上操作出现问题。最后的本地模式测试和集群任务的提交是必须掌握的知识点。

（1）本地模式（local）：单机运行，将 Spark 应用以多线程方式直接运行在本地，通常只用于测试。一般都会在 Windows 环境下做充足的测试，确认无误后才会打包提交到集群去执行。

（2）Yarn/mesos 模式：运行在资源管理系统上，对于 Yarn 来说存在两种细的模式——yarn-client 和 yarn-cluster，它们是有区别的。yarn-client 模式，如图 4-26 所示。yarn-cluster 模式，如图 4-27 所示。

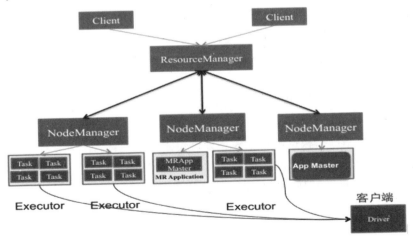

图 4-26　yarn-client 模式

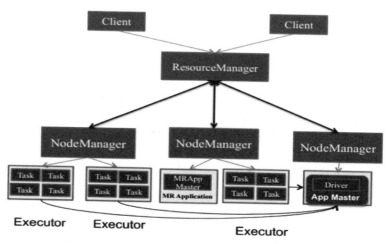

图 4-27　yarn-cluster 模式

为了安全起见，如果模型结果文件最终都存于 HDFS 上，都支持使用 yarn-cluster 模式，即使某一个节点出问题，也不会影响整个任务的提交和执行。

4.3.2　创作第一个数据挖掘算法

在业务层面，使用场景最多的模型大体归纳为以下四类。

- 分类模型：解决有监督性样本学习的分类场景。
- 聚类模型：自主判别用户群体之间的相似度。
- 综合得分模型：结合特征向量和权重大小计算出评估值。
- 预测响应模型：以历为鉴，预测未来。

首先以一个简单的分类算法来引导大家 code 出算法背后的计算逻辑，让大家知晓这个流程。

朴素贝叶斯的实现流程如下。

（1）理解先验概率和后验概率的区别。

① 先验概率：指根据以往经验和分析得到的概率。

② 后验概率：指通过调查或其他方式获取新的附加信息，修正发生的概率。

（2）两者之间的转换，推导出贝叶斯公式。

条件概率为：

$$P(A \mid B) = \frac{P(AB)}{P(B)}$$

> **注意**: 公式中 $P(AB)$ 为事件 AB 的联合概率, $P(A|B)$ 为条件概率, 表示在 B 条件下 A 的概率, $P(B)$ 为事件 B 的概率。

推导过程:

$$P(AB) = P(A \mid B) \times P(B) = P(B \mid A) \times P(A)$$

将 P(AB)带入表达式。

贝叶斯公式:

$$P(A \mid B) = \frac{P(A \mid B) \times P(A)}{P(B)}$$

简单来说, 后验概率 = (先验概率 × 似然度)/标准化常量。扩展:

$$P(A \mid B1B2\cdots Bn) = \frac{P(B1B2\cdots Bn \mid A) \times P(A)}{P(B1B2\cdots Bn)}$$

4.3.3　如何理解"朴素"二字

朴素贝叶斯基于一个简单的假定: 给定特征向量之间相互条件独立。

"朴素"的体现为:

$$P(A \mid B1B2\cdots Bn) = \frac{P(B1 \mid A) \times P(B2 \mid A)\cdots P(Bn \mid A) \times P(A)}{P(B1B2\cdots Bn)}$$

考虑到 $P(B1B2\cdots Bn)$ 对于所有类别都是一样的。而对于朴素贝叶斯的分类场景而言并需要准确得到某种类别的可能性, 更多的重点在于比较分类结果偏向哪种类别的可能性更大。因此, 从简化度上还可以对上述表达式进行优化。

简化公式:

$$P(A \mid B1B2\cdots Bn) = P(B1 \mid A) \times P(B2 \mid A)\cdots P(Bn \mid A) \times P(A)$$

这也是朴素贝叶斯公式得以推广使用的一个原因。其降低了计算的复杂度, 又没有很大程度上影响分类的准确率。客观来说,"朴素"的假设也是这个算法存在缺陷的一个方面, 有利有弊。

4.3.4　如何动手实现朴素贝叶斯算法

这里面有很多细节, 基于不考虑业务, 只考虑实现。假设已经存在了以下几个条件。

- 场景就假设为做性别二分类。

- 假设所有特征向量都考虑到了，主要有 F1、F2、F3 和 F4 四个特征影响判断用户性别。
- 假设已经拥有训练样本，大约 10000 个，男性和女性样本各占 50%。
- 假设不考虑交叉验证，不考虑模型准确率，只为了实现分类模型。
- 这里优先使用样本的 80%作为训练样本，样本的 20%作为测试样本。
- 这里不考虑特征的离散化处理。

有了上面的前提，接下来的工作就简单多了。下面的工作分为两步，处理训练样本集和用测试数据集得到分类结果。

样本数据格式如下。

```
#ID    F1    F2    F3    F4    CF
1     1     0     5     1     男
2     0     1     4     0     女
3     1     1     3     1     男
```

处理训练样本集，代码如下。

```
def NBmodelformat(rdd:RDD[String],path:String)={
  //定义接口:输入为读取训练样本的 RDD，训练样本处理后的输出路径
  val allCompute = rdd.map(_.split(SEPARATOR0)).map(record =>
    //SEPARATOR0 定义为分隔符，这里为 "\u0009"
    {
    var str = ""
    val lengthParm = record.length
    for(i <- 1 until lengthParm) {
      if(i<lengthParm-1){
        //SEPARATOR2 定义为分隔符，这里为 "_"
        val standKey = "CF"+i+SEPARATOR2+record(i)+SEPARATOR2+
record(lengthParm-1)
          //对特征与类别的关联值进行计数
          str=str.concat(standKey).concat(SEPARATOR0)
      }else{
        //对分类(男/女)进行计数
        val standKey = "CA"+SEPARATOR2+record(lengthParm-1)
        str=str.concat(standKey).concat(SEPARATOR0)
      }
    }
    //对样本总数进行计数
    str.concat("SUM").trim()
```

```
    }
).flatMap(_.split(SEPARATOR0)).map((_,1)).reduceByKey(_+_)
//本地输出一个文件，保存到本地目录
allCompute.repartition(1).saveAsTextFile(path)
}
```

最终得到的训练样本结果如下。

```
[lepingwanger@hadoopslave1 model1]$ cat cidmap20161121 |more -3
(CF1_1_男,1212)
(CF1_0_女,205)
(CF2_0_男,427)
```

朴素贝叶斯算法的实现，代码如下。

```
def NBmodels(line:String,cidMap:Map[String,Int]):String={
    val record = line.split("\u0009")
    val manNum = cidMap.get("CA_男").getOrElse(0).toDouble
    val womanNum = cidMap.get("CA_女").getOrElse(0).toDouble
    val sum = cidMap.get("SUM").getOrElse(0).toDouble
    //计算先验概率，这里采取了拉普拉斯平滑处理的方法。解决冷启动问题
    val manRate = (manNum+1)/(sum+2)
    val womanRate = (womanNum+1)/(sum+2)
    var manProbability = 1.0
    var womanProbability = 1.0
    for(i <- 1 until record.length){
      //组合 key 键
      val womanKey = "CF"+i+"_"+record(i)+"_"+"女"
      val manKey = "CF"+i+"_"+record(i)+"_"+"男"
      val catWoman = "CA"+SEPARATOR2+"女"
      val catMan = "CA"+SEPARATOR2+"男"
      //确定特征向量空间的种类，解决冷启动问题
      val num = 3
      //获取训练模型得到的结果值
      val womanValue = div((cidMap.get(womanKey).getOrElse(0)+1),
(cidMap.get(catWoman).getOrElse(0)+num),6)
      val manValue = div((cidMap.get(manKey).getOrElse(0)+1),
(cidMap.get(catMan).getOrElse(0)+num),6)
      manProbability*=manValue
      womanProbability*=womanValue
    }
    val woman=womanProbability*womanRate
```

```
    val man=manProbability*manRate
    if(woman>man) "女" else "男"
  }
```

用测试数据集得到分类结果，代码如下。

```
def main(args:Array[String]):Unit={
  if(args.length!=4) {
    println("Usage: TestNBModel")
    System.exit(1)
  }
  val SAMPLEDATA = args(0)
  val SAMPLEMODEL = args(1)
  val INPUTDATA = args(2)
  val RESULTPATH = args(3)
  val sc = new SparkContext("local","TestNBModel")
  val featureNum = 4
  //删除目录文件
  DealWays(sc,SAMPLEMODEL)
  //读取训练数据 SAMPLEDATA，featureNum 为特征向量个数
  //首先过滤长度不标准的行
  val NaiveBayesData = sc.textFile(SAMPLEDATA, 1).map(_.trim).
filter(line =>Filter(line,featureNum+2))
  //调用上一步模型
  NBmodelformat(NaiveBayesData,SAMPLEDATA)
  //读取测试模型结果，转换为 Map 数据结构
  val cidMap = deal(sc,SAMPLEMODEL)
  DealWays(sc,RESULTPATH)
  sc.textFile(INPUTDATA).map(_.trim).filter(line =>Filter(line,
featureNum+3))
    .map(NBmodels(_,cidMap)).saveAsTextFile(RESULTPATH)
  sc.stop()
}
```

前面主要介绍了按步骤编写一个简单的朴素贝叶斯算法的 demo 模型，写法比较偏命令式编程。目的在于使大家清楚如何实现一个简单的算法，这点很重要。

第 5 章

大数据挖掘认知篇

5.1 理论与实践的差异

随着大数据发展的浪潮，越来越多的在校生都开始涉猎这一块的知识，关注度比较高的或许就是大数据挖掘。相对于学生而言，既有数学建模的经历，也有应用数据的专业，只要踏实学下去，就业优势比较大。但很多朋友在从业以后，会遇到不少头痛的问题，其中就发现 Data Mining 在理论与实践中存在着很大差异。

1. 获取和清洗数据的方式

『理论』

在我以前参加的数学建模比赛和学术论文撰写过程中，涉及的数据很大一部分都来源于《中国统计年鉴》，有人口、经济、交通运输和教育等方面的数据。还有一部分数据来源于有限的抽样问卷调查，少数数据来源于其他学术论文。

可以看得出这些数据有显著的特点：基本不需要数据清洗、结构化数据、数据量小。

很多时候数据的清洗是借助 Excel 和 SPSS，可以轻松得到模型的特征向量数据，所以这大部分工作时间都花在了构建数学模型上。

『实践』

在企业工作中，所有涉及大数据挖掘的业务场景，数据获取涉及的面会全得多，有平台业务数据、用户信息、埋点日志数据、爬虫数据、第三方授权数据和黑产数据，等等。其中有结构化数据，更多的是非结构化数据。数据类型除了数值型，文本、字符串、图片、视频和语音也都称为数据（广义）。

因此，在大数据挖掘的过程中，很多工作量都会体现在数据的 ETL 过程中。每天几十 GB、几百 GB，甚至到 TB 级别的数据量已经不能用传统的分析工具来清洗了。这样自然而然的大家普遍就会使用很多大数据生态圈的技术，如用 Hive 做数据查询和加工工作、用 Spark 做复杂数据的解析和迭代计算。

所以在数据获取和清洗的方式上，数据获取和清洗方式已经和以往的理论研究存在着很大差异了。

2. 解决业务问题的建模思路上

【理论】

在学术研究中，对于解决应用问题的建模思路上，重点会围绕模型本身思考："属于哪一类的模型？使用哪一种算法？找多少参考文献？做哪方面的参数优化？"

在一些参赛选手和文献作者的眼中，模型的难度、复杂度和优化程度会是获奖和审核发表的关键。而模型具体能够解决什么实际问题，不是他们关心的重点，也就是说关心模型的实用性程度不够高。

【实践】

对于一名合格的大数据挖掘工程师而言，在面对一个新的业务场景需求构建模型前。一定会花很多时间在熟悉业务和分析用户上。在他们看来，有经验的业务运营人员和分析师就是他们的"参考文献"。

这种实际运营的经验，对用户细节的洞察度，才是做好这个业务场景的关键，是构建业务场景模型的重中之重。相反，在模型的使用上，他们会倾向于选择自己更擅长使用的模型，熟悉一个模型的来龙去脉，解决实际问题，这才是建模的初衷。所以，在解决业务问题的建模思路上理论与实践有很大差异。

3. 算法和模型的认知上

【理论】

在学术上所解决的应用场景，很多时候都是针对具体类型的算法去构建模型，可能只是做一个预测股票的价格、分析季节与旅游人数的相关性、评估食品抽样方案的好与坏、寻找城市交通调度方案的最优解等。

也就是说，面对的建模场景并不是很复杂，算法在有些时候可以看作一个模型，熟悉一种算法的应用就可以解决一类场景的问题。

『实践』

而在企业工作中，每一次遇到的业务场景都融合了很多细分的场景，每一个细分点都需要单独构建一个算法，最终才能整合成一个完整的模型。

就拿分析电商平台用户的性别来说，满足这样的业务需求，就需要针对性地细分用户的具体类型（新用户、老用户和潜在用户）。每一种类型的用户群体在电商平台的行为路径和购买偏好都存在很大差异，如果仅仅用一个分类算法和特征向量解决业务问题，效果肯定会极差。

对于理财平台用户的投资分析，也需要区分场景，例如未投资前、首次投资、二次投资和多次投资，每一种场景的用户数据有很大差异，比如活跃度、投资额、偏好产品等。

还是这句话："好的模型是由多个算法结合起来，再考虑实际的业务规则做一定的调整"。所以，在算法和模型的认知上理论与实践存在着很大差异。

4．效果检验的流程上

『理论』

在学术上，对于模型好坏的判断，都有严谨的衡量指标，具体会根据损失函数的最优策略评估。损失函数有平方损失函数、绝对损失函数、对数似然损失函数等。

在训练测试的流程中，同样也会有严谨的交叉验证，通过数学方法，提前预防抽样不稳定情况的发生。对于数据的分布，不管是离散型，还是连续型，具体的算法模型都会有对应的特征选择和分布类型。而通过这些评估流程要达到的目的只有一个，就是保证应用模型的线下效果好。而对于实际好与坏的判断，没人知道，也没多少人关心。

『实践』

在企业工作中，所有优秀的业务场景模型都经历了线下评估、线上测试和效果跟踪与模型优化。

也就是说，即使线下评估数据足够优秀，也并不能代表什么，更不能定义这是一个好模型，唯一起到的作用只能是为上线测试做数据支撑。同样，对于一个线下数据表现不是足够好的模型，也不一定立刻否决它线上测试的效果。一个好模型，不是一次就能够做出来的。更多时候对于线上的测试和后期效果的跟踪依赖性很大。

就拿分析用户逾期风险模型来说，判断其好与坏还需要经历很多个用户借款流程的完整周期，甚至是逾期时间在 90 天以上的评估，或许是需要很多年才可以调整出一个优秀的用户逾期模型。

所以，在效果检验的流程上，如何定义一个好模型也存在着很大差异。

5．对待结果的责任上

『理论』

一些人只关心参加比赛能不能获得好名次，能不能在一个核心期刊发表文章。对于模型效果则不会关心，即使很差的模型，也没有人完成实际的验证。

这些人会认为做这件事的过程和得到的反馈比实际解决问题的效果重要得多。

『实践』

在企业工作中，做业务场景的模型往往需要有敬畏之心，构建模型的人应该对自己的模型负责。

就拿做一个用户风险的分析模型来说，如果将很多正常的用户，甚至是优质的用户，错误地评估他们为高风险用户，拒绝给他们发放活动奖励，甚至拒绝用户余额提现。这个模型所造成的后果，可能是大批用户的投诉申告。贴吧、社交网站的各种舆论负面消息接踵而来。

所以，成为一个数据挖掘工程师，做一个业务场景模型，敬畏之心宁可有，不可无，这也是负责任的态度。在对待结果的责任上，对模型结果负责的态度理论与实践有很大差异。

综上所述，在 Data Mining 的道路上，学术研究的理论很多时候与企业实践存在着很大的差异性。望每个做大数据挖掘的朋友们都能铭记于心。

5.2　数据挖掘中的数据清洗

很多朋友对提到大数据挖掘的第一反应都只是业务模型，以及组成模型背后的各种算法原理。却忽视了整个业务场景建模过程中，看似最普通，却又最精髓的特征数据清洗。

5.2.1　数据清洗的那些事

构建业务模型，在确定特征向量以后，都需要准备特征数据在线下进行训练、验证和测试。同样，部署发布离线场景模型，也需要每天定时跑任务来加工模型特征表。所有要做的事都离不开数据清洗，也就是 ETL 处理（抽取 Extract、转换

Transform、加载 Load），如图 5-1 所示。

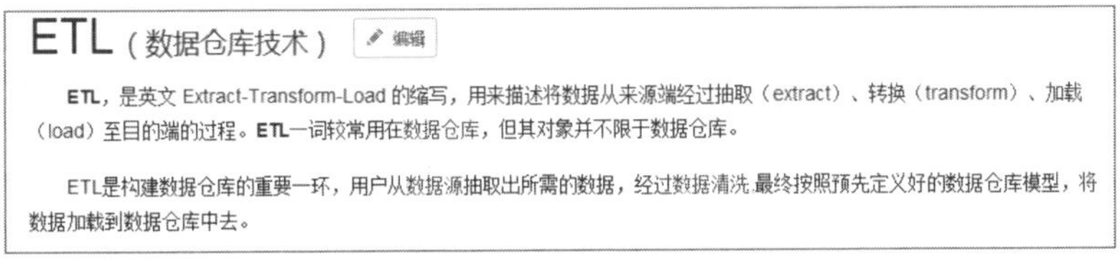

ETL（数据仓库技术）　编辑

ETL，是英文 Extract-Transform-Load 的缩写，用来描述将数据从来源端经过抽取（extract）、转换（transform）、加载（load）至目的端的过程。ETL一词较常用在数据仓库，但其对象并不限于数据仓库。

ETL是构建数据仓库的重要一环，用户从数据源抽取出所需的数据，经过数据清洗,最终按照预先定义好的数据仓库模型，将数据加载到数据仓库中去。

图 5-1　ETL（来自百度百科）

无论你是叱咤风云的 Excel 大牛，还是玩转 SQL 的数据库能人，甚至是专注 HQL 开发的 ETL 工程师，以及用 MapReduce 和 Scala 语言处理复杂数据的程序员。

我想说的是，解决问题的技术有高低，但是解决问题的初衷只有一个——把杂乱的数据清洗干净，让业务模型能够输入高质量的数据源。不过，既然做的是大数据挖掘，面对的至少是 GB 级别的数据量（包括用户基本数据、行为数据、交易数据、资金流数据及第三方数据等）。那么选择正确的方式来清洗特征数据就极为重要。除了要做到事半功倍，还要至少能够保证在方案上是可行的。

5.2.2　大数据的必杀技

在大数据生态圈里，有很多开源的数据 ETL 工具。但是对于一个公司内部来说，稳定性、安全性和成本都是必须要考虑的因素。

就拿 Spark Hive 和 Hive 来说，同样是在 Yarn 上执行任务，而且替换任务的执行引擎也很方便，如图 5-2 所示。

```
hive> set hive.execution.engine;
hive.execution.engine=mr
hive> set hive.execution.engine=spark;
hive> set hive.execution.engine;
hive.execution.engine=spark
```

图 5-2　修改任务执行引擎

用 Spark 执行大多数任务的效率都会比用 MapReduce 执行任务的效率高。但是 Spark 对内存的消耗是很大的，在程序运行期间，每个节点的负载都很高，队列资源消耗很多。因此，每次提交 Spark 离线模型跑任务时，都必须设置下面的参数，防止占用完集群的所有资源。

```
spark-submit --master yarn-cluster --driver-memory 5g --executor-memory 2g --num-executors 20
```

- driver-memory 是用于设置 Driver 进程的内存，默认不用设置，或者将其设置为 1GB。这里将其调整到 5GB 是因为 RDD 的数据全部被拉取到 Driver 上进行处理，要确保 Driver 的内存足够大，否则会出现 OOM 内存溢出。
- executor-memory 是用于设置每个 Executor 进程的内存。Executor 内存的大小决定了 Spark 作业的性能。
- num-executors 是用于设置 Spark 作业总共要用多少个 Executor 进程来执行。如果不设置这个参数，默认启动少量的 Executor 进程，会影响任务的执行效率。

单独提交 Spark 任务，优化参数还可以解决大部分运行问题。但是完全替换每天跑加工报表的执行引擎，从 MapReduce 到 Spark，总会遇到意想不到的问题。对于一个大数据部门而言，数据稳定性的重要程度大于数据执行的效率。后台 Spark 运行 Stage，如图 5-3 所示。

Completed Jobs (30)					
Job Id	Description	Submitted	Duration	Stages: Succeeded/Total	Tasks (for all stages): Succeeded/Total
29	foreachAsync at RemoteHiveSparkClient.java:330	2016/12/07 16:00:31	4 s	2/2	9/9
28	foreachAsync at RemoteHiveSparkClient.java:330	2016/12/07 16:00:15	4 s	2/2	9/9
27	foreachAsync at RemoteHiveSparkClient.java:330	2016/12/07 16:00:00	3.s	2/2	9/9
26	foreachAsync at RemoteHiveSparkClient.java:330	2016/12/07 15:59:12	4 s	2/2	21/21
25	foreachAsync at RemoteHiveSparkClient.java:330	2016/12/07 15:58:58	4 s	2/2	9/9
24	foreachAsync at RemoteHiveSparkClient.java:330	2016/12/07 15:58:03	4 s	2/2	9/9

图 5-3　后台 Spark 运行 Stage

所以对大部分数据的处理，甚至是业务场景模型每天的数据清洗加工，都会优先考虑 Hive 基于 MapRedcue 的执行引擎。对少部分数据会单独使用编写 MapReduce、Spark 程序的方式来进行复杂处理。

5.2.3　实践中的数据清洗

Hive 方面的知识，包括执行计划、常用写法、内置函数、一些自定义函数，以及优化策略等。本节主要介绍大数据挖掘中用 Hive 做数据清洗的工作。

1．知道数据源的来源

大数据平台的数据源集中来源于三个方面，按比重大小排序。其中 60% 的数据来源于关系数据库的同步迁移：大多数公司都采用 MySQL 和 Oracle。就拿互联网金融平台来说，这些数据大部分是用户基本信息、交易数据及资金数据。

其中 30% 的数据来源于平台埋点数据的采集：渠道有 PC、Wap、安卓和 iOS。通过客户端产生请求，经过 Netty 服务器处理，再进 Kafka 接受数据并解码，最后到 Spark Streaming 划分为离线和实时清洗。

其中 10%的数据来源于第三方数据：做互联网金融都会整合第三方数据源，例如工商、快消、车房、电商交易、银行、运营商等，有些是通过正规渠道来购买（已脱敏），大部分数据来源于黑市（未脱敏）。这个市场鱼龙混杂，很多真实数据被注入了"污水"，在这基础上建立的模型可信度往往很差。

2．业务场景模型的背景

在之前开发数据产品的过程中，有一次规划了一个页面——用户关系网络，底层引用了一个组合模型。简单来说是对用户群体细分，判断用户属于哪一类别的"羊毛党"群体，再结合业务运营中的弹性因子综合评估用户的风险，如图 5-4 所示。

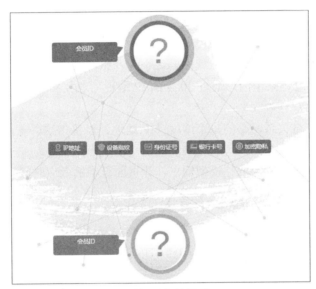

图 5-4　系统平台的原型 demo

简单来说，原型展示的是分析两个用户之间在很多维度方面的关联度。当时这个功能在后端开发过程中对于特征数据的处理花了很多时间，有一部分是数据仓库工具 HQL 所不能解决的，而且还需要考虑完整页面（图 5-4 所示的只是其中一部分）查询的响应时间，这就得预先标准化业务模型的输出结果。

简单描述一下需求场景：拿 IP 地址来说，在最近 30 天内，用户使用互联网金融平台，无论在 PC 端，还是移动端，每个用户每个月都会产生很多 IP 数据集；对于拥有千万级别用户量的平台，肯定会出现这样的场景——很多用户在最近一个月内都使用过相同的 IP 地址，而且数量有多有少；对某个用户来说，就好像是一个雪花中的焦点，他使用过的 IP 地址就像雪花一样围绕着他。而每个 IP 地址都曾被很多用户使用过，如图 5-5 所示。简单来说，IP 地址只是一个媒介，连接着不同用户。

图 5-5　用户关联网络的雪花状示意图

有了上面的背景描述，那么就需要每个读者思考以下 3 个问题。

（1）如何先通过某个用户最近 30 天的 IP 地址列表找到使用相同 IP 地址频数最多的那一批用户列表呢？

（2）如何结合关系网络的每个维度（IP 地址、设备指纹、身份证、银行卡和加密隐私等）挖掘与该用户关联度最高的那一批用户列表呢？

（3）如何对接产品标准化模型输出，让页面查询的效应时间变得更短呢？

3. 学会用 Hive 解决 70%的数据清洗工作

大概 70%的数据清洗工作都可以使用 Hive 来完成，用 Hive 清洗数据高效又稳定，所以大多数场景我都推荐用 Hive 清洗数据。

不过在使用过程中，我有以下两点建议。

（1）要学会顾全大局，不要急于求成，学会把复杂的查询拆开写，多考虑集群整个资源总量和并发任务数。

（2）心要细，在线下做好充足的测试，确保安全性、逻辑正确和执行效率才能上线。

对于上述的用户关系网络场景，这里举 IP 维度来实践，如何利用 Hive 进行数据清洗。如图 5-6 所示是用户行为日志表的用户、IP 地址和时间数据结构。

```
hive> select mid,ip,systime from tmp.fraud_sheep_behavdetail_union where systime='2016-12-06' limit 10;
OK
102011  101. 1.232.254  2016-12-06
102230  180. 74.7.137   2016-12-06
102271  220. 48.17.218  2016-12-06
103516  61.1 1.201.120  2016-12-06
```

图 5-6　用户、IP 地址和时间数据结构

回到上面的第一个思考——如何先通过某个用户最近 30 天的 IP 列表找到使用相同 IP 频数最多的那一批用户列表。采取了两个步骤。

（1）清洗最近 30 天所有 IP 对应的用户列表，并去重用户，代码如下。

```
select ip,concat_ws('_',collect_set(cast(mid as string)))
from tmp.fraud_sheep_behavdetail_union
where ip is not null and systime='2016-12-06'
group by ip
```

- concat_ws：分隔字符串连接函数。
- collect_set：将一列多行转换成一行多列，并去重用户。
- cast：转换字段数据类型。

第一个步骤的执行结果，如图 5-7 所示。

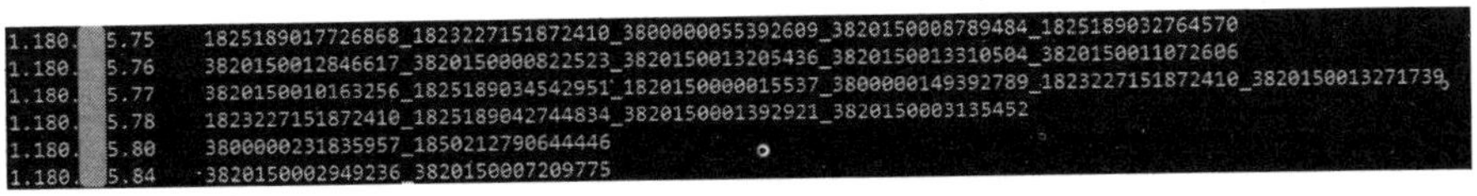

图 5-7　IP 关联的用户集

（2）清洗用户在 IP 媒介下，所有关联的用户集列表，代码如下。

```
select s1.mid,concat_ws('_',collect_set(s2.midset)) as ip_midset
from (select ip,mid from tmp.fraud_sheep_behavdetail_union where
systime>='2016-12-06' group by ip,mid) s1
join (
    select ip,concat_ws('_',collect_set(cast(mid as string))) as
midset
    from tmp.fraud_sheep_behavdetail_union
    where ip is not null and systime>='2016-12-06'
    group by ip) s2 on (s1.ip=s2.ip)
group by s1.mid
```

最终对于 IP 媒介清洗的数据效果如下。

```
 1816945284629847          1816945284629847_3820150008135667_
1850212776606754_...
 1816945284629848          1816945284629848_3820150002527117_
100433_382150009_...
```

同理，对于其他维度的媒介方法也一样，到这一步就算完成 Hive 阶段的初步清洗了（考虑到数据过长，所以进行了简化）。

会员 ID	性别	加密隐私	身份证号	银行卡号	IP 地址	设备指纹
18292	男	18293:男	12394:男	35495:男	3820:女_3829:女	3821:男_3822:男

但是对于分析用户细分来说，还需要借助 MapReduce，或者 Scala 来深层次处理特征数据。

4. 使用 Scala 清洗特殊的数据

使用 Spark 框架清洗数据，一般都是出于以下两个原因。

- 用常规的 HQL 解决不了。
- 用简洁的代码高效计算，即考虑开发成本和执行效率。

借助 Hive 清洗处理后的源数据，继续回到第二个思考——如何结合关系网络的每个维度，初步挖掘与该用户关联度最高的那一批用户列表。

看到这个问题，又产生了其他几个思考。

- 目前有 5 个维度，以后可能还会更多，纯手工显然不可能，再使用 Hive 处理好像也比较困难。
- 每个维度的关联用户量也不少，所以基本每个用户每行数据采用单机串行的程序去处理显然很缓慢。不过每行的处理是独立的。
- 同一个关联用户会在同一个维度，每一个维度出现多次，还需要进行累计。

这样的独立任务，完全可以并发到每台计算节点上去每行单独处理，而我们只需要在处理每行时，单独调用清洗方法即可。

这里优先推荐使用 Spark 来清洗处理（后面给一个 MapReduce 的逻辑），整个核心过程主要有三个板块。

（1）预处理。对所有关联用户去重，并统计每个关联用户在每个维度的累计次数，代码如下。

```
//循环每个维度下的关联用户集
for(j <- 0 until value.length){
    //用列表存放所有关联用户集
    if(value.apply(j).split(SEPARATOR4).size==2 && value.apply(j).
split(SEPARATOR4).apply(0)!=mid){
        midList.append(value.apply(j))
    }
    if(setMap.contains(value.apply(j))){
    //对每个维度关联用户的重复次数汇总
        val values = setMap.get(value.apply(j)).get
```

```
        setMap=setMap.+((value.apply(j),1+values))
        }else{
        setMap=setMap.+((value.apply(j),1))
    }
}
```

（2）评分。循环上述关联用户集，给关联度打一个分，代码如下。

```
for(ii <- 0 until distinctMidList.size){
    var reationValue = 0.0
    //分布取每个关联用户
    val relation = distinctMidList.apply(ii)
    //关联用户的会员 ID
    val mid = relation.split(SEPARATOR4).apply(0)
    //关联用户的性别
    val relationSex = relation.split(SEPARATOR4).apply(1)
    val featureStr = new StringBuilder()
    //循环每个关联维度来给关联用户打分
    for(jj <- 1 to FeatureNum.toInt){
        var featureValue = 0.0
        //获取该关联用户在每个维度下的重复次数
        val resultMap = midMap.get(jj).get.get(relation).getOrElse(0)
        if(jj==1){
            //加密隐私，确定权重为 10
            featureValue=resultMap*10
        }else if(jj==2 || jj==3){}
```

（3）标准化清洗处理，用户关联用 json 串拼接，代码如下。

```
 38593 | 1 | [{"f1":"0","f2":"0","f3":"0","f4":"15","f5":"60","s":
"1","r":"75"
    ,"m":"38260"},{"f1":"0","f2":"0","f3":"0","f4":"30","f5":"30","s
":"1","r":"60","m":"18344"},…]
```

得到上面清洗后的数据，才能更好的作为模型的源数据输出。

5. 使用 MapReduce 清洗特殊的数据

针对上述数据清洗，同样可以用 MapReduce 单独处理。只是开发效率和执行效率会有所不同。当然，也不排除适用于 MapReduce 处理的复杂数据场景。

对于在本地 Windows 环境写 MapRecue 代码，可以借鉴之前介绍的部署数据挖掘环境的内容，修改 Maven 工程的 pom.xml 文件就可以了，代码如下。

```xml
<dependency>
    <groupId>org.apache.hadoop</groupId>
    <artifactId>hadoop-mapreduce-client-core</artifactId>
    <version>2.7.2</version>
</dependency>

<dependency>
    <groupId>org.apache.hadoop</groupId>
    <artifactId>hadoop-client</artifactId>
    <version>2.6.0</version>
</dependency>
```

在以往做大数据挖掘的过程中，也有不少场景需要借助 MapReduce 来处理，甚至是大家比较常见的数据倾斜。特别是处理平台行为日志数据，特别容易遇到数据倾斜。

这里提供一个上述用 Spark 清洗数据的 MapReduce 代码，大家可以对比看看与用 Spark 代码的差异性。

（1）Map 阶段

```java
public static class dealMap  extends Mapper<Object,Text, Text,Text>{
    @Override
    protected void setup(Context context)  throws IOException,
InterruptedException{
    /**
     * 初始化 Map 阶段的全局变量,目前使用不上
     */
    }

    public void map(Object key,Text value,Context context)
        throws IOException,InterruptedException{
        //类似 Spark,每一行读取文件, 按分隔符划分
        String[] records = value.toString().split("\u0009");
        StringBuffer k = new StringBuffer();
        //这里 Key 包含 Mid 和 Sex
        String keys = k.append(records[0]).append("\u0009")
            .append(records[1]).toString();
        //接下来对剩余维度数据进行循环
        for(int i=2;i<records.length;i++){
```

```
        //解决两个问题，和 Spark 类似
        //确定与该用户关联的用户列表
        //确定关联用户在每一个维度的累计频数
    }
    for(int j=2;j<records.length;j++){
        //循环计算用户关联得分，和 Spark 类似
    }
    /**
     * 设置用户 Mid 和 Sex 作为 Map 阶段传输的 Key，用户关联维度用户集作
为 value 传输到 Reduce 阶段
     */
    context.write(new   Text(keys.toString()),   new   Text(value.
toString()));
    }
}
```

（2）Reduce 阶段（这里使用不上）

```
public static class dealReduce
            extends Reducer<Text,Text,Text,Text> {
    public void reduce(Text key, Iterable<Text> values,Context
context)
        throws IOException, InterruptedException{
    /**
     * 一般都会用 Reduce 阶段，但是这里用不上
     */
    for (Text val : values) {
        }
    }
}
```

（3）Drive 阶段

```
public static Boolean run(String input,String ouput)
 throws IOException, ClassNotFoundException, InterruptedException{
    Configuration conf = new Configuration();
    Job job = Job.getInstance(conf, "");
    job.setJarByClass();
    job.setMapperClass();
    job.setReducerClass();
    job.setNumReduceTasks(10);
    job.setOutputKeyClass(Text.class);
```

```
        job.setOutputValueClass(Text.class);
        Path output = new Path(ouput);
        FileInputFormat.setInputPaths(job,input);
        FileOutputFormat.setOutputPath(job, output);
        output.getFileSystem(conf).delete(output,true);
        Boolean result=job.waitForCompletion(true);
        return result;
}
```

上述这 3 个阶段就是 MapReduce 任务常规的流程，处理上述问题的思路其实和用 Spark 的逻辑差不多。只是这套框架性代码量太多，有很多重复性的代码，每写一个 MapReduce 任务的工作量也会比较大。

本节主要讲述了数据清洗在业务场景建模过程中的重要性和流程操作；介绍了两款主流计算框架的适用场景和差异性；更列举了不同数据处理工具在每个业务场景下的优势和不同。

与你沟通的也许会是直属领导，也许会是业务运营人员，甚至是完全不懂技术的客户。但他们最关心的是你在业务层面上的技术方案能否解决业务的痛点问题。所以，做大数据挖掘要多关心业务，不能一味地只谈技术。

5.3　数据挖掘中的工具包

有很多工具被用来辅助做一些简单的数据挖掘工作，最常听到的就是 Python 和 R 语言的算法库，毕竟大部分业务人员接触单机环境下的场景会比较多。当然也有做大数据开发的工程师，迎着潮流接触一些与 Spark 相关的算法库，做一些调整参数的工作。

5.3.1　业务模型是何物

好的业务模型不单单只是一个算法而已，它应该是由多个算法和业务运营规则组合在一起的。很多缺乏真正实践的朋友可能对这句话不太理解，那么到底如何理解业务场景模型呢？

我举一个实践中的案例——识别 P2P 平台欺诈用户的场景。就比如"羊毛党"，指那些专门选择互联网渠道的优惠促销活动，以低成本甚至零成本换取物质上的实惠的人。

单从这个概念的描述，我们会得到以下内容：

- "羊毛党"寄生于互联网金融平台。
- "羊毛党"能够让平台欣欣向荣，也能够把平台元气吸干。
- 对于平台而言，恶意大批量的羊毛党团伙危害性极其严重。

如果遇到这样一个业务场景，该如何构建业务场景模型来解决痛点问题呢？

首先，确定一个分类场景模型。其次，找到核心的特征，清洗数据、准备训练和测试样本。最后，用 R 语言和 Spark 调用分类算法库（随机森林、逻辑回归等）、调节参数、运行命令，并反复优化参数。

对于业务场景而言，首先要找到这个场景的核心。"羊毛党"是可恶的，但是平台不反对以个人、家庭、朋友等小规模的"羊毛党"群体，对于平台来说，真正痛恨的是恶意大批量的"薅羊毛"团伙。"羊毛党"对于平台而言，即使是恶意大批量的团伙作案，平台也想挖掘出潜在的优质用户，真正转变成平台的黏性用户。所以很多平台做活动的广告引流量、发放丰厚的奖励，甚至现金。业务运营人员还是只想精准地发给真正有价值的用户群体。

从业务模型角度来说，这不仅仅是只用分类算法就能够解决的问题。除了判断用户是否为"羊毛党"外，还需要识别该用户属于哪一类的"羊毛党"，也就是用户细分。通过模型的确能知道用户的异常情况。

最后的关键还是需要结合业务运营的角度，利用业务规则综合评估用户带来的风险，最大可能的挖掘出异常用户群体中的潜力用户。这才是业务场景模型所在做的事情。

5.3.2　想做一个好的模型

每个做大数据挖掘的朋友，都想做一个好的模型，这无可厚非，因为这是本职工作，也是体现大数据价值的一方面。可问题来了，如何做一个好的模型呢？

在构建模型上，很多朋友对于算法库的依赖比较严重，特别是在学习 Spark时，认为会调用 Mllib 库就足够了。还会认为优秀的开源团队，写出来的算法执行效率不会差到哪儿去，况且这些常用的分类、聚类算法也都是这样，直接调用就可以了。

可是话虽如此，但在实践的业务场景中却不敢这么做。如果只是线下测试某一个分类算法的准确率和召回率，看看分类特征选择是否精准，那么可以调用一些现成的算法库证明自己的想法。可是往往到正式发布业务模型，个性化结合线上业务重构模型时，就不仅仅是某个库方法就够用的了。自己要清楚对自己而言，是掌握很多模型重要，还是精心专研做好一个模型重要。

要做好一个业务模型，要有责任心和敬畏之心。对自己交付的每一个业务模型要负责，特别是涉及用户利益，金钱方面的反欺诈场景的模型。用业务运营的话来说，在这个危机重重的互联网金融行业，宁可不"撒网"，也不愿看到忠诚用户被"误杀"，培养一个忠诚用户的成本是很高的。

要做好一个模型还要学会对业务场景进行细分。很多朋友喜欢调整模型的参数，可有些业务场景的模型无论怎么调整参数也是行不通的。而且用一个模型解决所有业务场景是根本不可能的。

脱离业务只会让你沉醉在模型的海洋里。这里所说的脱离业务，并不是说你的模型不准确，没找到核心向量特征。而是你只关注了模型的准确率，但其实还要结合业务运营方向综合评估模型。

简单来理解，就如上面提到的用户反欺诈场景的模型，就算这个用户真是被"羊头"带来的"羊毛党"，的确存在异常行为。但是从业务运营的角度来说，如果他的表现有优质客户的潜质，那么我们还是应该综合评估该用户是一名合格的用户，继续对他发放活动奖励。

所以要做一个好的模型，要有责任心和敬畏之心；要学会对业务场景进行细分；要不脱离业务。这 3 个要素缺一不可。

第6章

大数据挖掘算法篇

6.1 时间衰变算法

时间衰变算法在很多行业都会被应用，就像电商行业，在给用户推荐商品时，会分析用户对于平台商品的兴趣偏好度，同时这个兴趣偏好度也会随着时间的流逝而发生变化。

6.1.1 何为时间衰变

大家或许都听过一个故事——"遗忘曲线"。

遗忘曲线是由德国心理学家艾宾浩斯（Hermann Ebbinghaus）研究发现的，其描述了人类大脑对新事物遗忘的规律，人们可以从遗忘曲线中掌握遗忘规律并加以利用，从而提升自我记忆的能力。

人的记忆衰变过程，如图 6-1 所示。

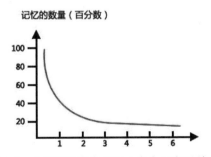

图 6-1　人的记忆衰变过程（来自百度百科）

这条曲线告诉人们在学习中的遗忘是有规律的，遗忘的进程很快，并且先快后慢。在分析用户对电商平台琳琅满目的商品的兴趣偏好的变化时，也可以借鉴遗忘曲线。

6.1.2 如何理解兴趣和偏好

对于兴趣和偏好这两个概念，从不同的角度分析会有不同的定义，这里从时间的角度分析。

兴趣：对事物喜好或关切的情绪，它是参与实践的基础，可以看作是一个短期行为。随着时间的推移，这种喜好也随之变化。

偏好：具有浓厚的积极情绪，伴随着成长过程中的主观倾向，可以看作是一个长期行为，它是基本稳定的。

对于电商平台来说，通过营销活动达到的目的是关心用户的"短期兴趣"。看看用户短期内会更倾向于购买哪些宝贝，从而更好地去做精准营销，如短信、站内广告等。

6.1.3 时间衰变算法的抽象

最简单的场景，如果用户在半年前购买过某件商品，但从此以后没有再次对其产生过任何行为（浏览、收藏、加入购物车和购买），那么用户对于该商品的兴趣衰变曲线如图 6-2 所示。

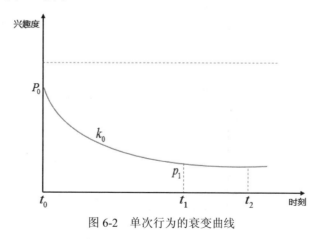

图 6-2　单次行为的衰变曲线

重复行为是指用户在半年内针对同一商品多次浏览、收藏、购买该商品。

令 t_1、t_2、t_3 表示 3 次相邻重复行为的时刻，用户兴趣度的衰变曲线如图 6-3 所示。

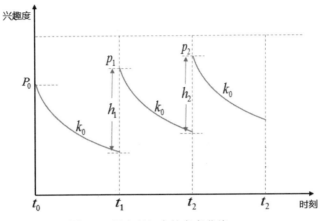

图 6-3　用户兴趣度的衰变曲线

伴随着每一次的行为调整新的初始衰变值和衰变速率。可以通过下面的函数表达式来进行更深入的理解。

$$f_1\left(n_{ij}^{(k)}\right) = n_{ij}^{(k)} \mathrm{e}^{-\gamma \Delta tj}$$

符号说明：

$n_{ij}^{(k)}$ 表示用户在 j 时刻以 i 行为作用 k 对象的次数。

Δtj 表示时刻距离当前时间的天数。

γ 表示衰减因子。

考虑到用户会出现多次行为（这里默认每次行为后的衰减因子一致），当前时刻对某商品的兴趣总和公式如下。

$$x_i^{(k)} = \sum_{j=1}^{N_i^{(k)}} f_1\left(n_{ij}^{(k)}\right) = \sum_{j=1}^{N_i^{(k)}} n_{ij}^{(k)} \mathrm{e}^{-\gamma \Delta tj}$$

最后结合 Sigmoid 函数对其进行归一化，确定用户对某商品的兴趣值。

$$S(x) = \frac{1}{1 + \mathrm{e}^{-x}}$$

基于遗忘曲线的兴趣度分析，它能够从侧面反映用户对有过"行为"的所有商品进行的兴趣排序，从而更好地进行商品推荐。

6.1.4 采用 Spark 实现模型

在分析用户的商品推荐时，我们会选择动手实践其中的熵权重算法和时间衰变算法，最终结合业务的实际场景重新组合一个综合模型。

1. 数据源的获取

这里会考虑从 HBase 中读取数据源，具体数据特征会涉及用户 ID、商品类目、宝贝、行为类型、次数和操作时间。Apache HBase 经过长达 8 年的发展，在 2017 年 1 月中旬又发布了新版本（Hbase 1.3.0），多个方面的性能也得到了提升。

为了能够成功调用 HBase 的 API，我们优先在 Maven 工程的 pom.xml 中添加如下代码。

```
<dependency>
    <groupId>org.apache.hbase</groupId>
    <artifactId>hbase-client</artifactId>
    <version>1.2.4</version>
</dependency>
```

注： 这里使用的是 Hbase 1.2.4 版本，可以在中央仓库 mvnrepository 中搜索 hbase-client 来进行选择。

接下来给出一个连接 HBase 的测试版本，检测是否能够成功获取 HBase 中的表数据，代码如下。

```
/**
 * 扫描 rowkey 返回行数
 *
 * @param prefixRowKey rowkey 前缀
 * @return 行数
 */
def getRowPrefixNum(table: Table,prefixRowKey: String): Option[Int]
= {
    var num = 1
    try {
        val scan: Scan = new Scan()
        scan.setStartRow(Bytes.toBytes(prefixRowKey))
        scan.setStopRow(Bytes.toBytes(prefixRowKey + "|"))
        val resultScanner: ResultScanner = table.getScanner(scan)
```

```
        val it = resultScanner.iterator()
        while (it.hasNext) {
            it.next()
            num += 1
        }
    resultScanner.close()
    table.close()
    Some(num)
    } catch {
        case e: Exception => logger.error("统计行数出错,{}",e.getMessage)
        table.close()
        Some(1)
    }
}
```

main 运行的代码模块，可以检测数据获取流程是否正常，代码如下。

```
def main(args: Array[String]): Unit = {
    val conf = HBaseConfiguration.create()
    conf.set(HConstants.ZOOKEEPER_CLIENT_PORT, "端口号")
    conf.set(HConstants.ZOOKEEPER_QUORUM, "data1,data2,data3")
    val connection= ConnectionFactory.createConnection(conf)
    val table=connection.getTable(TableName.valueOf("t_user"))
    val s=getRowPrefixNum(table,"rowkey")
    println(s.getOrElse("0"))
}
```

最后补充整个工程相关的依赖包，代码如下。

```
import org.slf4j.{Logger, LoggerFactory}
    import  org.apache.hadoop.hbase.{HBaseConfiguration, HConstants,
TableName}
    import org.apache.hadoop.hbase.client._
    import org.apache.hadoop.hbase.util.Bytes
```

2. 用户行为权重的调整

这里的数据输入来源于从 HBase 获取到的用户数据。优先选择用户行为的数据计算出 5 种行为（浏览、点击、收藏、加入购物车和购买）的权重值。

（1）确定算法过程中的统计指标，代码如下。

```
val standDatas = rdd.map(_.split(SEPARATOR0)).map(record =>
```

```
    {
      var str = ""
      for(i <- 1 until record.length) {
      //其中round为方法调用，保留4位有效数字
        val standValue = round((record(i).toDouble+1)/
                    (indexMap.get(i).get._1+indexMap.get(i).get._2),4)
        str = str.concat((standValue*math.log(standValue)).toString).
concat(SEPARATOR0)
        }
        str.trim()
    }
  ).map(record =>
        {
        val arraySet = ArrayBuffer[Double]()
        for(i <- 0 until record.length) {
            arraySet+=record(i).toDouble
        }
        arraySet
        }
  )
```

其中涉及的统计指标都会在后期的计算中用到，需要缓存在 RDD 中。

（2）确定指标的熵值，代码如下。

```
val resultSet = ArrayBuffer[Double]()
for(i <- 1 to featureNum) {
    val sumAndCount = standDatas.map(_.apply(i-1)).stats()
    val value=div(sumAndCount.sum,-math.log(sumAndCount.count),4)
    resultSet += value
}
```

这步主要是计算每个特征向量的熵值大小，也是为计算最后的权重大小做准备的。

（3）确定特征向量的权重值，代码如下。

```
//确定每个特征向量的权重值
val weightSet = ArrayBuffer[Double]()
for(i <- 0 until featureNum){
    weightSet+=div(resultSet.apply(i),resultSet.sum,4)
}
weightSet.toArray
```

最终将计算出的用户行为权重单独保存在缓存 Cache 中，为了后期做兴趣衰变分析计算时可以再使用。

3．用户兴趣衰变的量化

结合上述的 Hbase 数据源和行为权重值，计算每个用户的兴趣衰变值，主要有以下两个步骤。

（1）计算用户兴趣衰变值，代码如下。

```
/*
 * @describe: 对兴趣衰变的计算
 * @param: behav 为行为集,factor 为衰变因子,weightSet 为权重集
 */
    def    decayAlgorithm(behav:String,factor:Double,weightSet:Map
[String,Double]):Double={
    val behavSet = behav.split("_")
    val behavCategory = behavSet.apply(0)
    val behavDiff = behavSet.apply(1).toDouble
    val behavNum = behavSet.apply(2).toDouble

    val interestValue = math.exp(-factor * behavDiff)*behavNum
    behavCategory match {
      case "browse" => weightSet.get("browse").get*interestValue
      case "click" => weightSet.get("click").get*interestValue
      case "collect" => weightSet.get("collect").get*interestValue
      case "addCar" => weightSet.get("addCar").get*interestValue
      case "buy" => weightSet.get("buy").get*interestValue
    }
  }
```

在 RDD 中调用上述函数进行处理，计算用户兴趣随着时间的衰变。

（2）采用 Sigmoid 进行归一化处理，代码如下。

```
/*
 * @describe: 对兴趣衰变进行归一化处理
 * @param: decayValue 为衰变的兴趣度,factorsigmoid 为归一化参数
 */
 def decayRate(decayValue:Double,factorsigmoid:Double):Double = {
    round(1.0/(1+math.exp(3.0-factorsigmoid*decayValue)),4)
  }
```

上述是对用户最终的兴趣值进行归一化的过程，得到用户对宝贝列表的兴趣

排名，从而进行有针对性的推荐。和大家以往熟知的协同过滤推荐有所差异，基于用户兴趣偏好的衰变分析也可以做一定业务场景下的用户推荐。

数据化运营中的精准推荐涉及的业务场景很多，更多时候会从多面分析用户，甚至包括用户画像体系和商品画像体系。

6.2 熵值法

6.2.1 何为信息熵

学过通信原理、接触过决策树算法的朋友对这个名词就不会陌生。在信息论中，信息熵反映了信息的无序化程度，信息熵越小，系统无序度越小，信息效用值就越大，反之亦然。

这里不妨把信息熵理解成某种特定信息的出现概率。也可以认为信息熵是表示信息价值的一个量化度量的过程。

推导过程：

$$H(X) = E \times \log \frac{1}{p_i} = \sum (p_i \times \log \frac{1}{p_i}) = -\sum (p_i \times \log p_i)$$

其中，E 表示 Expectation（期望），而对数 log 的底数会根据实际情况来定，可以分为以 2 为底、以 e 为底和以 10 为底（有很大区别）。

就拿掷骰子来说，每一次有 6 种可能，具体每个数字出现的概率为：

$$P_i = \frac{1}{6}$$

则信息熵的计算结果为：

$$H(X) = \sum (\frac{1}{6} \times \log 6) = 2.5 \text{bits}$$

6.2.2 熵值法的实现过程

简单理解熵值法，就是利用信息熵判别每个指标的重要程度。

若某个指标的信息熵越小，则提供的信息量越多，在综合评价中所能起到的作用越大，其权重也就越大。相反，某个指标的信息熵越大，则提供的信息量越少，在综合评价中所起到的作用越小，其权重也就越小。下面是熵值法具体的实现过程。

（1）构建 n 个方案的 m 个评价指标的判断矩阵。

$$R = (x_{ij})_{nm} \quad (i = 1, 2, \cdots, n; j = 1, 2, \cdots, m)$$

（2）把 R 进行归一化处理，得到 $\boldsymbol{B}$ 矩阵。

$$b_{ij} = \frac{x_{ij} - x_{\min}}{x_{\max} - x_{\min}}$$

数据归一化主要有极差变化法、均值处理法和平均值-标准差法。

$$p_{标准值} = \frac{\left| P_{实际值} - P_{均} \right|}{P_{长} - P_{短}}$$

在对多组不同变化的数据进行比较时，可以先将它们分别进行标准化，转化成无量纲的标准化数据。

综合评价就是要将多组不同的数据进行综合，因此可以借助标准化方法消除数据量纲的影响。

$$y_i = \frac{x_i - \overline{x}}{s}$$

上式中的 $\overline{x} = \dfrac{1}{n}\sum_{i=1}^{n} x_i$ ， $s = \sqrt{\dfrac{1}{n-1}\sum_{i=1}^{n}(x_i - \overline{x})^2}$ 。指标的实际值与评价值的关系如图 6-4 所示。

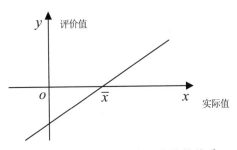

图 6-4　指标的实际值与评价值的关系

可以看出，无论指标的实际值是多少，指标的评价值都是分布在零的两侧。指标实际值比平均值大的，其评价值为正，反之为负。

可以将这种形式的标准化处理转化为百分数的形式，公式如下所示：

$$y_i = 60 + \frac{x_i - \overline{x}}{10s} \times 100 = 60 + \frac{x_i - \overline{x}}{s} \times 10$$

均值转化为 60，超过均值的转化为 60 以上，反之在 60 以下。这种"百分数"还不同于一般的百分数，因为个别极端数值的转化可能超过区间（0～100）。

（3）确定评价指标的熵：

$$H_j = -\frac{1}{\ln n}(\sum_{i=1}^{n} f_{ij} \ln f_{ij}) \quad j = 1, 2, \cdots, m$$

其中

$$f_{ij} = \frac{1 + b_{ij}}{\sum_{i=1}^{n}(1 + b_{ij})}$$

（4）计算评价指标的熵权值：

$$w = \frac{1 - H_j}{m - \sum_{j=1}^{n} H_j} \quad W = (w_i)_{t \times m} \quad \sum_{j=1}^{m} w_j = 1$$

最终每个评价指标的权重之和一定为 1。以上就是熵值法的实现过程，具体的案例和模型的代码实现（MapReduce 和 Spark）会在后期介绍工程时统一介绍。

6.2.3　业务场景的介绍

1．背景资料

为了提高某市各个区的食品安全质量，有关部门每年都会组织进行定期的抽查工作。

抽检时一般是通过至少两名专业的检测人员进行测评，每个检测人员在对每类食品进行抽检后对其分类进行指标检测，然后根据国家安全指标的含量规定最终对 6 个区的 9 项食品安全指标进行打分，找出最优秀的区给予奖励。

2．考核指标得分表

这里已经对原始数据进行了无量纲化处理，俗称数据标准化，其得分如表 6-1 所示。

表 6-1　6 个区的 9 项食品安全指标的得分

得分	指标 1	指标 2	指标 3	指标 4	指标 5	指标 6	指标 7	指标 8	指标 9
罗湖区	51.608	67.586	67.586	67.586	57.427	43.619	67.586	43.619	67.586
盐田区	66.826	67.586	60.942	67.586	63.381	65.817	25.161	65.817	25.161
福田区	67.146	40.545	69.710	56.528	67.457	61.243	57.367	61.243	57.367
南山区	66.152	66.010	70.574	43.638	59.837	64.867	48.919	64.867	48.919
宝安区	71.323	56.940	64.441	52.534	47.203	53.912	73.644	53.912	73.644
龙岗区	67.374	68.418	69.036	66.724	48.793	47.061	52.591	47.061	52.591

但是由于各项指标被评为是否合格的标准不是统一的，因此需要对 9 项指标进行赋权，从而用更加合理的评估体系对各个区的食品安全质量进行评价。

6.2.4　算法逻辑的抽象

1．数据标准化处理

源数据是按照矩阵形式进行输入的，横坐标表示评价指标，纵坐标是区的名字。

数据标准化的方法起名为 normalized，如下所示。

```
def normalized(rdd:RDD[String],featureNum:Int):RDD[String]
```

输入：源矩阵数据和特征数。

输出：标准化后的数据。

```
def normalized(rdd:RDD[String],featureNum:Int):RDD[String] ={
  /*
   * @describe:将文件输入数据格式进行数据标准化,所使用的方法为平均值-标准
差法
   */
  //其中 SEPARATOR1 为分隔符常量,具体定义为 Tab 键
  val inputData = rdd.map(_.split(SEPARATOR0)).cache()
  val allCompute = inputData.map(record =>
    {
      val arraySet = ArrayBuffer[Double]()
      for(i <- 1 until record.length) {
        arraySet+=record(i).toDouble
      }
      arraySet
    }
  )
  //定义可变的 ArrayBuffer 数组类型变量
  val computeSet = ArrayBuffer[(Int,(Double,Double))]()
  for(i <- 1 to featureNum) {
    val avgAndStd = allCompute.map(_.apply(i-1)).stats()
    val  value  =  (i,(round(avgAndStd.mean,4),round(avgAndStd.
stdev,4)))
    computeSet += value
  }
```

```
//将 ArrayBuffer 数据类型转换为 Map 索引
val indexMap = computeSet.toMap

val standData = inputData.map(record =>
  {
    var str = record(0).concat(SEPARATOR0)
    for(i <- 1 until record.length) {
      //其中 round 为方法调用, 保留 4 位有效数字
      //数据标准化的范围区间为 0~100 分
      var standValue=60.0
      val denominator = if(indexMap.get(i).get._2!=0) {
        standValue = 60+div((record(i).toDouble-indexMap.get(i).
get._1),indexMap.get(i).get._2,4)
      }

      str = str.concat(standValue.toString()).concat(SEPARATOR0)
    }
    str.trim()
  }
)
standData
}
```

2．确定评价指标的熵和权重值

源数据是上一步标准化处理后的数据。将熵权值的方法起名为 computeFeatureWeight。

输入：标准化数据和特征数。

输出：特征向量的权重值。

```
def computeFeatureWeight(rdd: RDD[String],featureNum:Int): Array
[Double] = {
  /*
   * @describe: 计算特征向量的权重指标
   * @param: rdd 为标准化数据, featureNum 为特征向量数
   */
  val allCompute = rdd.map(_.split(SEPARATOR0)).map(record =>
    {
      val arraySet = ArrayBuffer[Double]()
      for(i <- 1 until record.length) {
```

```
        arraySet+=record(i).toDouble
      }
      arraySet
    }
)
//定义可变的 ArrayBuffer 数组类型变量
val computeSet = ArrayBuffer[(Int,(Double,Double))]()
for(i <- 1 to featureNum) {
  val countAndSum = allCompute.map(_.apply(i-1)).stats()
  val value = (i,(round(countAndSum.sum,4),round(countAndSum.
count,4)))
  computeSet += value
}
//将 ArrayBuffer 数据类型转换为 Map 索引
val indexMap = computeSet.toMap
val standDatas = rdd.map(_.split(SEPARATOR0)).map(record =>
  {
    var str = ""
    for(i <- 1 until record.length) {
      //其中 round 为方法调用, 保留 4 位有效数字
      val standValue = round((record(i).toDouble+1)/
                            (indexMap.get(i).get._1+indexMap.
get(i).get._2),4)
      str    =    str.concat((standValue*math.log(standValue)).
toString).concat(SEPARATOR0)
    }
    str.trim()
  }
).map(record =>
  {
    val arraySet = ArrayBuffer[Double]()
    for(i <- 0 until record.length) {
      arraySet+=record(i).toDouble
    }
    arraySet
  }
)

val resultSet = ArrayBuffer[Double]()
for(i <- 1 to featureNum) {
```

```
    val sumAndCount = standDatas.map(_.apply(i-1)).stats()
    val   value   =   div(sumAndCount.sum,-math.log(sumAndCount.
count),4)
    resultSet += value
  }
  //确定每个特征向量的权重值
  val weightSet = ArrayBuffer[Double]()
  for(i <- 0 until featureNum){
    weightSet+=div(resultSet.apply(i),resultSet.sum,4)
  }
  weightSet.toArray
}
```

到目前为止，整个算法的代码实践就基本完成了。最终各指标的权重值如表 6-2 所示。各区食品安全质量综合得分如表 6-3 所示。

表 6-2　各指标的权重值

	指标 1	指标 2	指标 3	指标 4	指标 5	指标 6	指标 7	指标 8	指标 9
权重	0.08	0.22	0.27	0.07	0.11	0.07	0.07	0.07	0.07

表 6-3　各区食品安全质量综合得分

	罗湖区	盐田区	福田区	南山区	宝安区	龙岗区
得分	95.71	93.14	93.17	92.77	95.84	98.01

以上就是如何从业务算法中抽象出一个算法，并且通过 Spark 实现并加以应用。

6.3　预测响应算法

6.3.1　业务场景的介绍

何为预测？简单来说，可以概括为这样一句话："以史为鉴，知其通晓，便能从前因而知后果"。从事大数据相关的工作，无论电商行业，还是互联网金融行业，也都时常有预测场景的需求。举几个大家熟知的实际应用场景。

- 场景 1：电商行业，商品库存量的预测，保证供与求的稳定性。
- 场景 2：营销活动的推广，关于用户点击转化率的预测。

● 场景 3：网贷借款业务，借款人逾期率的预测。

类似的场景还有很多，但举例子的目的是为了突出一个重点：做大数据挖掘的朋友，一定要知道预测响应的模型。

6.3.2　构建模型的前期工作

在做某类场景下的业务建模时，不能太着急。要先确定特征因素，如果用数据直接套用模型，肯定会吃大亏的。如果把构建模型的整体工作分为 3 个部分：数据预处理、构建模型和对效果的调整，那么第一部分所占的工作量绝对不少于整体工作的 40%。

数据预处理的工作包括无量纲化处理、异常值的处理、缺失值的处理。

在前面的学习中已经学习过无量纲化处理的几种方式（极差变化法、均值处理法及平均值-标准差法），读者可以结合实际的数据分布进行合理的选择。

对于异常数据的处理很简单，要么舍弃数据，要么替换数据。在大多数情况下，如果选择替换数据，则可以进行缺失值处理。因此，这里重点讨论缺失值（顾名思义就是数据缺失）的处理。

当然，对于源数据的缺失率，也需要有一个限制范围，尽量控制在 15% 以内。如果缺失率过高，就应该重新衡量特征选择的合理性和误差性了。

常见的数据填充方式，主要有以下 3 种。

● 回归模型填充：主要是通过建模，以模型预测值作为缺失值的估计值。经过回归后，得到的估计值是一样的，这样就和均值填充一样，存在对样本分布的扭曲。

● EM 填充形式：它是基于一种迭代优化的思想，以及考虑给定已知项下缺失项的条件分布而激发产生的。

● 均值填充：对于缺失值的填充效果的检测，主要看这两个统计指标——平均绝对离差和标准平均离差平方和。

（1）平均绝对离差 $\mathrm{MAD} = \sum_t \left| \hat{y}_{t(\mathrm{miss})} - y_i \right| / n_0$，其中和 $\hat{y}_{t(\mathrm{miss})}$ 表示第 i 个缺失值的估计值；y_i 是其对应的真值，n_0 为缺失值总数。

（2）标准平均离差平方和 $\mathrm{RMSD} = \left[\sum_t \left(\hat{y}_{t(\mathrm{miss})} - y_i \right)^2 / n_0 \right]^{1/2}$。

6.3.3 常用的预测模型

随随便便都可能列举出很多算法，如支持向量机、神经网络、马尔可夫、回归方程、时间序列和灰色系统等。主要介绍几种复杂度相对较低、讲解相对容易、校验和优化有一定提升空间的模型。

1. 指数平滑的时间序列模型

所谓时间序列是指根据系统观测得到的时间序列数据，通过曲线拟合和参数估计来建立数学模型的理论和方法。它一般采用曲线拟合和参数估计方法（如非线性最小二乘法）进行。

具体的建模思路主要有以下 3 个步骤。

（1）确定预测方程：

$$\hat{L}(k) = a \times b^k \quad （a,b \text{ 为待定系数}）$$

（2）对测量值取对数：

$$\lg \hat{L}(k) = \lg a + k \cdot \lg b$$

令 $\hat{a} = \lg a$，$\hat{b} = \lg b$，则

$$\lg \hat{L}(k) = \hat{a} + \hat{b} \times k$$

（3）采用三项加权平均值求解指数方程的待定系数：

$$\begin{cases} R = \dfrac{1}{6}\left[\lg L(1) + 2\lg L(2) + 3\lg L(3)\right] \\ T = \dfrac{1}{6}\left[\lg L(n-2) + 2\lg L(n-1) + 3\lg L(n)\right] \end{cases}$$

根据 R 和 T 计算出 $\hat{a}$ 和 $\hat{b}$，得

$$\begin{cases} \hat{b} = \dfrac{T-R}{N-3} \\ \hat{a} = R - \dfrac{7}{3}\hat{b} \end{cases}$$

（4）将 $\hat{a}$ 和 $\hat{b}$ 带入 $\lg \hat{L}^{(i)}(k) = \hat{a} + \hat{b} \times k$ 中即可得预测方程。

这种模型效果好坏的评估标准主要参考曲线拟合效果，损失函数可以参考预测值和真实值的最小误差的平方和。

2. 灰色系统模型

灰色系统模型是用来解决信息不完备系统的数学方法。它是既含已知信息又

含未知信息或非确知信息的系统，也有一定的适用场景。这里主要介绍建模思路，整个灰色模型的建立，大体可分为以下 3 个步骤。

设时间序列 $X^{(0)}(k) = \left\{ x^{(0)}(1), x^{(0)}(2), \cdots, x^{(0)}(n) \right\}$，共有 n 个观察值，其中

$$x^{(0)}(k) \geqslant 0 \qquad k = 1, 2, \cdots, N$$

（1）对 $X^{(0)}$ 做一次累加，生成列 $X^{(1)}$，即

$$X^{(1)}(k) = \sum_{i=1}^{k} X^{(0)}(i) = X^{(1)}(k-1) + X^{(0)}(k)$$

（2）定义矩阵 $\boldsymbol{B} = \begin{bmatrix} -\dfrac{1}{2}\left[X^{(1)}(1) + X^{(1)}(2) \right] & 1 \\ -\dfrac{1}{2}\left[X^{(1)}(2) + X^{(1)}(3) \right] & 1 \\ \vdots & \vdots \\ -\dfrac{1}{2}\left[X^{(1)}(n-1) + X^{(1)}(n) \right] & 1 \end{bmatrix}$ $\boldsymbol{Y}_n = \begin{bmatrix} X^{(0)}(2) \\ X^{(0)}(3) \\ \vdots \\ X^{(0)}(n) \end{bmatrix}$

（3）利用最小二乘法求解可得

$$\hat{\boldsymbol{a}} = (a, u)^{\mathrm{T}} = (\boldsymbol{B}^{\mathrm{T}} \boldsymbol{B})^{-1} \boldsymbol{B}^{\mathrm{T}} \boldsymbol{Y}_n$$

求解微分方程

$$\frac{\mathrm{d}X^{(1)}}{\mathrm{d}t} + aX^{(1)} = u$$

可得预测模型

$$\hat{X}^{(1)}(k+1) = \left[X^{(1)}(1) - \frac{u}{a} \right] e^{-ak} + \frac{u}{a} \qquad k = 1, 2, \cdots, n$$

则预测值为

$$\hat{X}^{(0)}(k+1) = \hat{X}^{(1)}(k+1) - \hat{X}^{(1)}(k) \qquad k = 1, 2, \cdots, n$$

当 $1 \leqslant k \leqslant N$ 时，上式反映了原始数据列的变化情况；当 $k > N$ 时，上式为预测值。

而对于模型好坏的校验，主要参考平均相对误差、灰色关联度、均方差比值和小误差概率。上述这个模型还有可以优化的地方，但是大家还是要先理解其基本用法。如果针对具体业务，还是应该多进行比较，选择自己最擅长的模型来使用，并对它的执行效率和准确率做一定程度的优化。

6.4 层次分析算法

对于综合得分场景的业务模型，不可避免的要涉及确定特征向量的权重值，就像前面提到的熵值法一样。除此之外，使用比较频繁的算法还有以下两类。

- 层次分析法：结合业务经验，确定特征之间的比较矩阵，最终计算出权向量。
- 多元线性回归：采用专家打分的方法确定训练集，通过对基础数据变量进行聚类分析，把相关性较强的变量进行整合，最后将训练集综合指标数据及得分进行多元线性回归分析，构建回归方程，得到综合指标的回归系数。

所以这里会继续介绍层次分析法，让大家了解常用的确定特征权向量的方法。

层次分析法简称 AHP（Analytic Hierarchy Process），它的基本思路与人对一个复杂的决策问题的思维和判断过程大体上是一致的。层次分析法的决策目标，如图 6-5 所示。

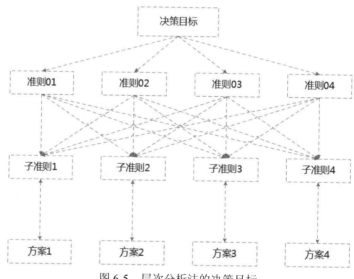

图 6-5　层次分析法的决策目标

而对于应用 AHP 进行方案决策时，需要进行以下 4 个步骤。

（1）建立决策系统的层次结构。

AHP 的标准度量方法如表 6-4 所示。

表 6-4　AHP 的标准度量方法

标　　度	含　　义
1	两个特征相比，它们重要性相同
3	两个特征相比，一个比另一个稍微重要
5	两个特征相比，一个比另一个明显重要
7	两个特征相比，一个比另一个强烈重要
9	两个特征相比，一个比另一个极其重要
2,4,6,8	为上述相邻判断的中间值

一致矩阵法，它不把所有因素放在一起比较，而是两两相互比较。对比时采用相对尺度，以尽可能减少性质不同的因素相互比较的难度，以提高准确度。

（2）构造两两比较的判断矩阵。

假如综合决策一件事，需要考虑 N 个特征，则判断矩阵如表 6-5 所示。

表 6-5　AHP 的判断矩阵构造

	C1	C2	…	Cn
C1	C11	C12	…	C1n
C2	C21	C22		C2n
…	…	…	…	…
Cn	Cn1	Cn2	…	Cnn

则判断矩阵具有以下 3 个特点。

- $C_{ij} > 0$

- $C_{ij} = \dfrac{1}{C_{ji}}$

- $C_{ii} = 1 \, (i = 1, 2, \cdots n)$

（3）计算业务特征指标的权重，它可以归结为计算判断矩阵的最大特征根，以及其特征向量的问题。而且判断矩阵的最大特征根及相应的特征向量并不需要追求较高的精确度。

① 几何平均法（根法）。

计算矩阵 C 每行各个元素的乘积，得到一个 n 行一列的矩阵 $C1$，然后计算矩阵 $C1$ 中每个元素的 n 次方根，得到矩阵 $C2$。最后对矩阵 $C2$ 进行归一化处理，得到矩阵 $C3$，该矩阵 $C3$ 即为所求权重向量。

② 规范列平均法（和法）。

将矩阵 C 每一列归一化，得到矩阵 $C1$，然后将矩阵 $C1$ 每行元素的平均值相

乘得到一个一列 n 行的矩阵 **C2**，矩阵 **C2** 即为所求权重向量。

（4）对判断矩阵进行一致性检验。

$$CI = \frac{\lambda_{max} - n}{n - 1}$$

① CI 值越大，表明判断矩阵偏离完全一致性的程度越大；CI 值越小，表明判断矩阵的一致性越好。

② 当矩阵具有满意一致性时，λ_{max} 稍大于 n，其余特征值也接近于 0，下面对满意一致性给出了一个度量标准，如表 6-6 所示。

表 6-6　一致性检验的标准值

1	2	3	4	5	6	7	8	9	10
0.00	0.00	0.58	0.90	1.12	1.24	1.32	1.41	1.45	1.49

当阶数大于 2 时，判断矩阵的一致性指标 CI 与同阶平均一致性指标 RI 的比，称为一致性比率，记为 CR。公式如下。

$$CR = \frac{CI}{RI} < 0.10$$

这时认为判断矩阵具有满意的一致性，否则就需要调整判断矩阵，使之具有满意的一致性。

以上就是层次分析法的介绍，以及计算过程的说明。在实际的应用中，也需要利用 Python、Spark 对其进行工程开发。

6.5　工程能力的培养与实践

有些朋友在学习层次分析法以后，问我如何计算其中的逻辑过程，包括权向量与一致性的判断，难道每一次都需要利用手工、Excel 实现吗？

当然不会，作为一名合格的数据挖掘工程师，必须要掌握一定的工程能力，才能结合业务场景，将数据与模型完美结合起来。

所以为了让初学者可以更早地培养自己的工程能力，我提出一些中肯的建议，也利用 Python 将层次分析法的计算流程以工程化实现。

6.5.1　工程能力的重要性

每个人都想从数据领域的知识广度和深度两方面探索到更多的东西，但往往都只是空想，付出努力并实践的少之又少。就像很多做模型的朋友，仅仅停留在业务的应用层，没有真正花心思了解算法背后的理论原理、推导过程、业务实践和迭代优化，这样做出来的模型灵活性会很差，更别提对效果的改进了。缺乏工程能力的困惑的示意图如图 6-6 所示。

图 6-6　缺乏工程能力的困惑的示意图

对于一名数据挖掘工程师，甚至是数据分析师而言，伴随着业务需求的复杂性与个性化，同时也会面临着数据类型的多样化，以及数据量的指数增加。在此基础上，以往的描述性分析思路和数据分析软件将很难再适用，你的工作价值也会变得模糊起来，这也正是缺乏工程能力会面临的困惑，所以每个"数据人"都应该不断地提高自己的核心竞争力。数据人才的核心竞争力示意图如图 6-7 所示。

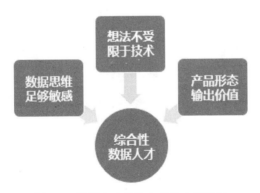

图 6-7　数据人才的核心竞争力示意图

而如何培养自己的工程能力，我认为可以分为 4 个步骤，这 4 个步骤是由浅入深、由理论到实践、由初级到高阶的。这也是我自己以往的成长路线，所以分享给每一位初学的朋友。工程能力培养的 4 个步骤如图 6-8 所示。

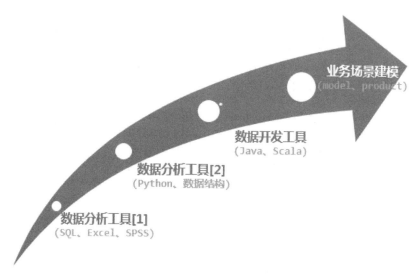

图 6-8　工程能力培养的 4 个步骤

6.5.2　利用 Python 实现层次分析法

刚刚提到的层次分析法，结合算法原理，以及公式推导，就算不利用大数据的开发语言，如果用 Python，我们该如何开发它呢？就像完成一件复杂的任务一样，在开发算法工程时，我们也可以将它分解为独立的功能模块，这样看起来，整个工程的落地就变得明朗多了。层次分析法的开发流程如图 6-9 所示。

图 6-9　层次分析法的开发流程

1）构建判断矩阵

对于判断矩阵的每个元素值，更多的是需要结合业务人员的经验，去两两比较特征之间的重要程度，从而得到最终的矩阵值。

比如在第 2 章内容中，涉及评价与某互联网金融平台合作的推广渠道质量的好坏，就会考虑 4 个核心指标，即获客成本、首次投资转化率、二次投资转化率、投资回报率 ROI。

在简单的业务描述以后，假设已经结合业务人员的经验，确定判断矩阵的元素值了，我们就可以将数据保存到新文件中，并将其命名为data.txt，存储于程序执行的文件目录下，其内容如下所示（按逗号进行分割）。

```
1,1/4,1/3,1/2
4,1,2,3
3,1/2,1,2
2,1/3,1/2,1
```

接下来，我们就需要利用 Python 构建一个方法模块，将此方法模块称为 judgeMatrix。

```
def judgeMatrix(filename):
    fr = open(filename)
    array = fr.readlines()
    rows = len(array)
    columns = size(array[0].strip().split(','))
    returnMat = zeros((rows,columns))
    index = 0
    for line in array:
        line = line.strip()
        linelist = line.split(',')
        newlist = []
        for i in range(size(linelist)):
            value = Fraction(linelist[i])+0.0
            newlist.append(value)
        returnMat[index,:] = newlist[0:columns]
        index +=1
    return returnMat
```

读取 data.txt 文件中的判断矩阵的值，并存储到数组中，以便后续的计算。

2）确定权向量

这里采取几何平均法计算特征维度的权向量（也就是权重），代码如下。

```
def weightValue(judegMat):
    weight = []
    standWeight = []
    allSum = 0
    for rowsMat in judegMat:
        sum = 1
        num = size(rowsMat)
```

```
        for columnsValue in rowsMat:
            sum *= columnsValue
        allSum+= (sum ** (1/num))
        weight.append(sum ** (1/num))
    for weightValue in weight:
        standValue = round(weightValue/allSum,2)
        standWeight.append(standValue)
    return standWeight
```

通过这个方法模块，就可以计算出上述判断矩阵的 4 个维度的权向量值，也就是我们评价渠道质量的权重值了。

3）计算最大特征根

同样结合层次分析法中最大特征根的计算公式，这里需要单独处理矩阵转置以及矩阵相乘，才能更方便地得到最大特征根值。代码如下。

```
def matrixMul(A, B):
    res = [[0] * len(B[0]) for i in range(len(A))]
    for i in range(len(A)):
        for j in range(len(B[0])):
            for k in range(len(B)):
                res[i][j] += A[i][k] * B[k][j]
    return res

def trans(m):
    a = [[] for i in m]
    for i in range(0,len(m)):
        a[i].append(m[i])
    return a

def maxRootMath(matrix,weight):
    num = len(matrix)
    sum = 0
    Tweight = trans(weight)
    matMul = matrixMul(matrix,Tweight)
    for i in range(0,num):
        sum += matMul[i][0]/(Tweight[i][0]*num)
    return sum
```

这三个方法模块，核心是 maxRootMath，另外两个方法模块分别是处理矩阵相乘与矩阵转置。

4）判断矩阵一致性

利用层次分析法除了计算权向量，更重要的是分析判断矩阵是否满足一致性。如果检验通过，那就可以使用权向量确定综合得分。反之，则需要重新结合业务确定合理的判断矩阵。

```python
def consistentCheck(matrix,weight,featureNum):
    status = "failed"
    maxRoot = maxRootMath(matrix,weight)
    RI = [0.00,0.00,0.58,0.90,1.12,1.24,1.32,1.41,1.45,1.45,1.49,
1.51]
    CI = round((maxRoot-featureNum)/(featureNum-1),5)
    CR = round(CI/RI[featureNum-1],3)
    if CR<0.10:
        status = "consistentValue="+`CR`+",so,It's a "+"success
judgeMatrix"
    else:
        status = "consistentValue="+`CR`+",so,It's a "+"failed
judgeMatrix"
    return status


if __name__ == "__main__":
    inputMatrix = judgeMatrix("E:\\lpwanger\\model\\AHP\\data.txt")
    ouputWeight = weightValue(inputMatrix)
    print ('The weight is :'+ouputWeight)
    print ('The consistentCheck is :'+consistentCheck(inputMatrix,
ouputWeight,4))
```

再通过上述代码，最终就可以快速确定层次分析法的特征权重，以及分析判断矩阵的一致性，而不用每一次都用人工计算了。

以上全部 Python 方法的开发，虽然只是一个简单的 demo 案例，但目的是引导大家了解模型工程化的开发，以及对工程模块的功能细化和组合使用。只有多动手实践，才能够逐渐开发出更高效简洁，甚至是灵活度更好的业务模型，这也是真正的工程能力优势，让自己的想法不受限于技术。

第 **7** 章

用户画像实践

7.1 用户画像的应用场景

这里和大家分享用户画像的实践应用，但想必大家也经常会看到各种相关的文章，不管是谈标签体系，还是谈业务场景，都能在直观上感觉它对用户营销而言至关重要。

7.1.1 背景描述

笔者之前所在的公司主要专注于电商领域，是做大数据技术服务的乙方公司，即通过数据产品帮助商家解决业务营销上的问题。

大部分商家在各类电商平台上（天猫、京东等）都有自己的店铺，规模相对来说也不小。因为对于很多商家而言，整个公司的核心业务在运营，对技术团队的组建投入过少。

当时与我们合作的是一家专注于品牌化妆品网络零售的电商公司。他们的主业务是为知名品牌（有40多个）在天猫开设旗舰店，以及向 B2C 商城提供商品，从而为消费者提供美妆网购的服务。

这家公司的老板对于要做数据模型驱动业务运营的意识很强烈，曾经在会议上还向我们咨询"逻辑回归算法"的一些应用场景。

目前公司也积累了很多用户数据、订单数据和商品数据，但是如何挖掘数据中的价值、提高公司的销售额、扩大用户总量、增加用户黏度呢？这些问题一直困扰着这位老板。如果简单概括他的意思，那就是如何"用活"这些海量的数据。

他们在和我们合作之前，使用过不少数据运营工具，也用过一些还在内测的 DMP 平台做流量分发和用户钻展。用 DMP（数据管理平台）做用户营销，简单来说就是对所有用户数据进行整合，根据每一次营销的主题筛选目标群体，有针对性地投放活动运营广告，以及查看活动投放效果。

但是他们在长期使用 DMP 平台后，对效果并不太满意，用户的成交转化率不高。出现这个问题的原因是对用户的分析不够有针对性，也就是用户标签体系不够完善，没有把广告投放到目标人群中。

天猫毕竟是一个平台，涉及的电商业务也不仅仅只有美妆行业，很多数据产品都只是通用的工具，针对性不强。在官方开放的用户标签维度里，很多是针对人口统计的标签、服饰类型的偏好标签、用户商品行为（访问、收藏商品或店铺、交易和加购）标签和用户个人信息标签。

所以，对于美妆行业的用户精准营销，还是需要有针对性地自主开发一套个性化用户标签体系。而且他们还想借助于用户画像服务于更多的应用场景，如千人千面等。

而且我们公司的 CEO 有电商创业的成功经验，所以他们愿意与我们合作来成立一家合资公司，专注于做数据产品，服务于美妆业务。

7.1.2　需求调研

1. 前期的需求调研

开始主要是针对活动营销做前期的需求调研，目的是单独开发一套 CRM（客户关系管理）系统，即借助用户画像对用户深入分析，做一些短信营销和客户关怀等。

对于短信营销而言，给用户每发一条短信都是有一定成本的，如果公司每次活动都针对所有用户发送宝贝优惠详情，那么这个公司要么是不缺钱，要么是不怕客户投诉。CRM 短信营销的愿景是花最少的钱给目标客户发送宝贝活动的短信，促成更高的成交转化率。

所以，我们在第一阶段整理完合作公司的需求后，单独开发了一套为活动营销服务的 CRM 系统，底层是借助于他们公司的用户数据，挖掘出平台用户对商品的兴趣偏好和活动敏感度，最后还有一个短信接口系统用于定制发送活动短信。

2．后期的需求调研

我们已经不再满足于只处于活动营销的业务场景了，还希望将用户访问店铺的巨大流量做分发，给不同的用户展示更合适的活动详情，或者进行宝贝推荐。简单来说就是，如果我是店主，我更希望给高客单人群着重推荐店铺优质商品，而给低客单人群去着重推荐折扣活动。除了涉及底层用户标签体系的人群筛选外，更重要的是商品标签体系的建立。

业务运营人员在使用用户画像筛选目标人群时，要求业务人员要有很高的业务水平。

在选择特征人群时，很多时候都是完全根据自己的运营经验来选择，这就造成效果存在很大的差异性。因为很多人是运营小白，缺乏经验，不知道这次活动更适合什么样的人群。

这时用户标签体系和商品标签体系的结合就显得至关重要，其能够消除运营人员经验的差异性，实现自动化映射匹配，找到商品突出的优势与用户偏好的共同点。

所以在这个业务场景中，更需要将用户画像与商品综合考虑。阿里巴巴在2016 年着重推出的聚星台，想"玩转"的就是标签体系，充分利用移动互联网的优势，缩减用户手机购物的转换路径。感兴趣的读者可以了解一下千牛插件，阿里巴巴给内部测试的店铺商家支持自定义用户标签的开发。

虽然平台提供的用户数据不多，但是每个店铺商家都可以利用官方公布的通用标签，重新构建业务场景模型去自定义新的用户标签，从而满足更多的业务场景，也更有针对性，从而让营销效果更好。

阿里巴巴的"虫洞"计划，就是真正将数据化运营的能力交给商家，由他们自主决定，为更多的商家提供生态化的综合解决方案。

只有足够了解用户，才能做好平台运营。除了在营销上和对风险上的监控分析外，用户画像在其他应用场景上也扮演着不可替代的角色。

7.2　用户画像的标签体系

在第 7.1 节介绍了用户画像的一些应用场景，无论是 CRM 营销，还是千人千面，甚至是对异常用户的分析，都突出了用户画像对于平台的重要性。下面看一看用户画像的标签如何与平台业务结合起来，有针对性地规划出合适的标签体系。

7.2.1　需求分析

对于每个平台来说，考虑到主营业务场景的差异性，不能盲目地将一套用户标签体系用于所有行业。

把电商的用户体系用来做互联网金融行业用户的活动营销，显然是不合适的。当初我们为美妆公司做需求分析时，他们明确了自己的业务场景，更多的是针对主题活动的营销推广、不同品牌消费人群的差异性及年龄层次的针对性等。

对于他们的平台而言，很多用户的隐私信息是获取不到的，如性别、年龄和身份证信息等。

所以，不同行业的标签体系的构建难度是不同的。在互联网金融行业，能够轻松获取用户的个人信息。

当初这家美妆公司只有阿里巴巴官方公布的以下通用标签。

- 人口标签：年龄、性别、地理位置、职业、兴趣爱好。
- 行为标签：购买能力、买家淘宝等级、折扣敏感度。
- 关系标签：交易、加购、收藏、浏览。
- 服装偏好标签：女装品类、男装尺码、男装风格、女装风格。

如果仅用这些用户标签做营销，那么最终效果肯定不好。

结合公司的后期主题营销活动，我们有针对性地增加了商品主题偏好的标签，如"熬夜党"必备、明星款、物美价廉、专业卸妆等；在用户肤质的偏好上，更加针对美妆业务考虑皮肤类型偏好的标签，如混合型、油性、敏感性、干性肤质等；在美妆商品的需求周期上，考虑了需求周期标签，对于美妆来说，一般都会以一个月或半年的时间为周期对宝贝进行分析。

对于用户场景的分析，不同业务在潜在用户、现有用户、沉睡用户和流失用户的时间窗口上有一定的差异。在标签体系的构建前期，对业务的针对性分析是不可避免的工作，这也是使用用户画像做营销和进行用户分析成功的关键。

7.2.2　标签的构建

在一些人看来，对用户画像的标签体系的构建只需要两步：第一步是参考其他平台的体系规划；第二步是结合自己的业务进行数据清洗加工。

曾经有朋友问我："在一个数据部门里，用户画像归谁做更合适，是 ETL 工程师吗？做用户画像的数据存储在哪里，是在 MySQL 里吗？"

所以你总是会看到很多平台都想做用户画像，也总有人提到这个概念，因为在有些人看来,做用户画像仅仅是对数据进行清洗加工,把业务指标换套包装而已。

但其实一套完整的用户画像体系是需要花费很多时间的,而且不仅仅只是进行数据清洗,而且还有数据挖掘,也离不开在大数据环境中做数据加工和数据存储。

通过对业务需求的分析,借鉴跨行业、同行业的用户分析体系能够有针对性地构建一套符合自身业务的标签体系。

针对美妆业务,我们从以下维度进行了用户分析。

- 基本属性:性别、年龄、职业、社会身份和地理位置。
- 资产特征:消费能力、客户价值、社会阶层和个人资产。
- 营销特征:用户对于价格、活动促销、售后服务、物流、产品质量的敏感度。
- 兴趣偏好:新款偏好、爆款偏好、商品偏好、品牌偏好、购物时间和渠道偏好等。
- 需求特征:潜在需求、当前需求、需求周期和对下一次需求的预测等。

通过对上述标签体系的初步规划,大体上针对美妆行业构建了一套合适的用户体系。

在和美妆公司老板讨论方案时,他对整个体系所能够解决的业务痛点还是比较满意的,但他还是比较关心具体的实现方案和业务场景模型。

在一套完整的标签体系中,有 60%~70%的标签是属于统计类的(根据行业来归类),而剩余的标签是具有挖掘性质的。一些抽象、隐密和深层次的标签需要构建模型去解决,如活动敏感度、职业和用户生命周期等。原业务表的数据属于一级指标,统计类的标签属于二级指标,挖掘类的标签属于三级指标。

这里面的工作会涉及大量的数据清洗加工和业务场景建模。ETL 工程师会比较熟悉数据清洗加工的工作,除了需要考虑业务场景建模外,还要开发很多工程模块。

7.3 用户画像的模块化思维

7.3.1 何为模块化思维

模块化思维有以下特性。

- 具备组合性,依据不同的场景需求,通过不同模块的组合来满足更多的业务场景。

- 具备单元性，能够将一个整体分割成很多个子单元系统，每一个系统都保证是整体运作的最小单元，它们之间都具备独立封闭性。

模块化思维示意图如图 7-1 所示。

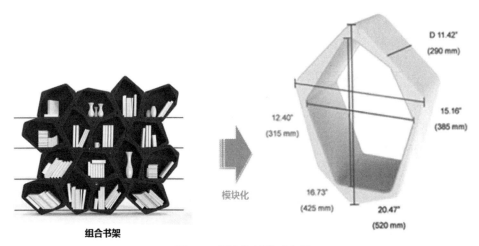

图 7-1　模块化思维示意图

模块化思维设计方式的核心，在于让每个个体之间相互独立和封闭，不具备耦合性，却又能通过一定的桥梁组合起来。

7.3.2　用户画像与模块化思维

一套完整的用户标签体系所牵动的开发资源不仅是数据挖掘，还有 ETL、数据仓库。虽然整体工作的核心在于标签的业务建模，但是其中的开发和维护工作，如果资源完备，至少还需要两个数据挖掘工程师。就像开发业务报表一样，随时都可能会面对新增业务的需求，也就是新增用户标签。

由于业务需求会随时变化，是不是以后每新增一个标签，都要单独构建一个业务模型呢？如果业务同时提出了很多需求，或者以往的需求有很多要调整的地方，那么你将如何高效地开发新的用户标签呢？如果标签体系越来越多，那么一旦有问题，你将如何快速维护呢？

模块化思维就能够解决这些问题，把一个工程划分成很多独立性的功能模块，对于重构、二次开发和维护的工作，只需要针对具体的模块进行处理就可以了。

模块化思维在用户画像中的优势概括起来是：通过标签体系模型的模块化开发，增加并行度，让整个业务建模流程能够在每个环节同时进行。由于模块化思维具备独立性，而且耦合性不高，能够增加同一个模块的复用性，降低后期维护的成本。

7.4　用户画像的工程开发

7.4.1　对于开发框架的选择

下面主要围绕开发语言和数据存储进行分析技术的选型讨论。

1. 在开发语言上

目前，由于大部分数据任务都是在集群分布式环境中执行，而且鉴于数据规模量和线上发布的流程，不可能总是采用"人工干预模式+线下分析工具"的方法解决线上业务需求。

所以大家熟知的 R 语言和 Python，无论是从分布式、迭代式执行效率，还是开发的便捷性，甚至是从个性化需求建模的角度考虑，都不太合适作为工程语言来模块化开发用户画像体系。

在工业界会优先考虑使用 MapReduce 和 Spark 来开发模型，特别是目前比较热门的 Spark，因为其无论是在代码简洁性上，还是任务执行效率上，都有很大优势。

2. 在数据存储上

无论是用户标签体系，还是商品标签体系，都是庞大的用户主题表。每一层数据都需要做大量的清洗加工，才能最终作为标签模型构建的数据源。这里给出一个词——指标数据阶段，它代表了数据被处理的程度。

比如在分析用户数据源的获取路径时，一般都会涉及业务数据、日志行为数据和第三方数据（爬虫或跨行业），而不管数据属于哪一种，都是最初级的字段。就像会员 ID、订单金额、购买商品的类别、购买时间、访问 IP 地址等。

上述数据源，我们称为一阶指标，只是记录用户的每一次数据，对于业务分析而言意义不大。

大家熟知的 BI 报表，更多地是结合业务需求而制定的各类报表，其中涉及的业务数据称为二阶指标。就像通过 IP 地址解析到的地理位置，比如用户最近 30 天的活跃度、累积购买次数、累积消费金额等。

很多平台构建的用户画像体系都停留在二阶指标的程度，所以很多工作都集中在数据清洗加工上。

常规的 MySQL 可以满足一般的数据存储需求，对数据存储有更高要求的用户可以采用 Hive 数据仓库。但随着技术的发展，很多平台不仅仅停留在二级指标的程度。

涉及抽象、隐私和深层的数据，需要做一定的数据挖掘工作，我们称之为三级指标。考虑到很多三级指标的模型数据来源于一级指标和二级指标，就会涉及一张很宽的用户主题表，或许有一百多个字段，甚至更多。这就是数据挖掘提炼海量数据价值的魅力，最终的结果肯定是精准而少量。

因此，如果用 Hive 加工标签体系，数据最终存储在 HDFS 上，那么在实际开发不同的用户标签环节时就会很容易出现错误。

采用 Hive 做源数据加工很方便，也可以采取使用 HBase 和 Hive 驱动表的方式，把数据实际存储在 HBase 上。充分利用列族和列的优势，在使用 MapReduce 和 Spark 构建模型时，能够根据所需的字段名有针对性地进行选择，而不必依次分割和循环每一行来获取所需的字段。

只需要一张用户主题表的所有字段说明，就可以根据具体模型进行用户特征向量的构建，简单而准确。具体代码如下。

```
create external table user_features(mid string,behav map<string,
string>,...)
STORED BY 'org.apache.hadoop.hive.hbase.HBaseStorageHandler'
WITH SERDEPROPERTIES ("hbase.columns.mapping" ="behav:,trade:,
info:,...")
TBLPROPERTIES ("hbase.table.name" = "user_features");
```

其中，HBase 中的表名称为用户特征信息，具体维度分为行为数据、交易数据、个人信息等。一般情况下使用最多的命令语句如下。

```
hbase shell //可以进入 HBase
hbase(main) > list //可以查看 HBase 的表
hbase(main) > scan 'user_features',{LIMIT=>10} //可以查看用户特征信息
表的前 10 条数据
hbase(main) > get 'user_features','mid(单个用户)','behav:pur' //查
看单用户购买行为
```

7.4.2　模块化功能的设计

在使用 Spark 开发标签体系过程中，该如何设计整个工程体系的模块呢？

很多人比较熟悉使用工具包，而对用户画像进行模块化开发的概念不是特别清晰。完全可以把它理解为针对公司内的个性化工具包，而且它不仅仅只有算法。

在整体设计上，我们分了 5 个功能模块，如图 7-2 所示。

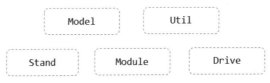

图 7-2　用户画像开发的 5 个功能模块

- Model：代表子算法，也就是熟知的工具包，包括常用的分类、聚类、预测和综合计算等业务场景算法。
- Stand：代表数据初始化，包括归一化、无量纲处理、缺失值和异常值处理及数据格式等功能。
- Util：代表公用模块，包括时间处理方法、Json 组合方法、HBase 接口方法、Streaming 接口方法等功能。
- Module：代表标签模块，也就是结合实际的用户标签来定制开发，它会组合所需的子算法、业务规则、数据清洗和其他方法，实现用户标签。
- Drive：代表驱动模块，可以看作每天集群跑模型的执行板块，当前用户画像所需的标签都会由它来提供。

上述就是采用 Spark 进行用户画像模块化开发的功能设计，它们各尽其责，有着自己的存在意义，即使面对新增的业务需求，也能够组合成很多通用性高的子模块，从而做到高效开发来满足个性化标签。

数据挖掘工程师不需要单独针对每个标签从头到尾构建模型，只需要负责某个具体板块的功能，甚至是组合所需的功能模块即可。

为了便于大家理解，下面举几个案例来进行说明。

案例 1：每一次构建模型来跑结果，都会产生输出文件，如果不预先删除，下一次执行任务就会报错。

针对上述情况，可以在 Util 模块中创建一个单元功能，目的是为了删除文件目录，Scala 代码如下。

```scala
def DeleteFiles(sc:SparkContext,path:String) ={
```

```
    val paths = new Path(path)
    val hadoopConf = sc.hadoopConfiguration
    val hdfs = org.apache.hadoop.fs.FileSystem.get(hadoopConf)
    if(hdfs.exists(paths)){
      hdfs.delete(paths,true)
      log.info("this path has Successfully deleted!")
    }
}
```

这样以后在构建模型执行代码前，都可以将这个单元功能组合进来。

```
DeleteFiles(sc,"输出目录地址")
```

案例 2：在模型数据被输入之前，很多时候都需要针对具体的数据类型和数据长度做判断，以免在后期执行任务过程中报错。

针对上述情况，可以在 Stand 模块中创建一个单元功能，目的是为了过滤不规则的数据，Scala 代码如下。

```
def Filter(line:String,feature:Int) ={
    if(line.isEmpty || line.startsWith("#")) {
      log.warn("'Model data contains empty or Invalid #'")
      false
    }
    else if (isMissOrSymbolValue(line,feature)) {
      log.warn("'Model data contains Invalid symbol or miss value'")
      false
    }
    else true
}
```

这样以后在特征向量数据进入模型之前，可以将这个单元功能组合进来，避免模型在执行任务过程中报错。

```
    val standData = rdd.map(_.trim).filter(line =>PassLine(line,
FeatureNum.toInt))
```

案例 3：在数值进行四则运算时，往往对于精度要求很高，也不能冒然使用＋（加）、－（减）、＊（乘）、\（除），而且还会对值的小数点的位数值有要求。

考虑到在 Scala 中可以直接调用 Java 的方法（反之不易操作），这里可以直接使用 Java 的方法。

针对上述情况，可以在 Util 模块中创建一个单元功能，目的是为了进行对数值的四则运算，Java 代码如下。

```
public static double div(double d1, double d2, int len) {
    /*
     * @describe：两个数相除
     */
    BigDecimal b1 = new BigDecimal(d1);
    BigDecimal b2 = new BigDecimal(d2);
    return b1.divide(b2, len, BigDecimal.ROUND_HALF_UP).doubleValue();
}
```

这样以后在模型数值计算中就可以直接使用了。还有很多单元模块的功能，包括模型算法的构建，这里不再一一列举。

本节主要介绍如何抽象出复用性很高的功能进行模块化，这对用户画像体系的开发很重要。

7.5　用户画像的智能营销

本节将介绍如何结合用户画像体系实现智能营销，从而控制边际获客成本、在"最少成本"与"最快时间"下达到季度营销的目标额等更多的业务场景（新客转化、资金拉动、促进日话、沉睡唤醒、流失挽留）。

7.5.1　业务营销

大多数平台都有一套自己的 CRM 营销系统，最常见的搭配就是"用户画像体系+人工筛选+短信营销/电话销售/推送 App"。

逻辑很简单，用户画像是围绕平台用户的一些统计数据，比如基本信息、交易数据、地理位置等。可以说掌握一定程度的 ETL 就能解决这一切。再通过人工筛选，结合相应的营销活动主题，借鉴运营人员的业务经验，筛选出目标人群并对其进行活动营销投放。

举个例子，一款新上线的小额短期理财产品，按照经验都会更倾向于给投资周期较短、投资能力较弱的客户进行活动推广。

而所谓的活动营销，则是给平台用户发放差异化的物料（红包、加息券）。如果具体细分，还会涉及不同额度的投资红包和加息券。

在以往的营销场景中,如果在某个周有投资资金的目标量(比如 5000 万元),都会比较粗糙地针对现有投资用户,结合以往的累计投资金额,随机分发活动物料。

这么做就会造成"短信营销成本的浪费、用户投资行为没有被真正激发、被短信干扰的用户体验差"等问题,最终会导致所谓的投资目标量不能达成。即使勉强达成,也是多付出了营销成本和人力成本。

另外,由于从站外获取一个新用户的成本往往大于平台对已有用户价值的挖掘成本,所以平台会更愿意针对"潜在客户"与"沉睡客户"做个性化的营销,从而唤起这部分用户的投资意愿,以平台的营销成本重新定义"获客成本"。

当然还有更多的活动场景,但是运营人员更关心的是如何实现智能营销。从而降低营销成本,减少人工成本,实现利益最大化。而并不是不假思索地面向全量用户,漫无目的地随意营销。

7.5.2　营销构思

在上述提到的两种营销场景中,如果结合深层次的用户画像体系,是能够做到智能营销的(运营人员只需要设置营销参数,系统会自动筛选出目标人群),而且可以结合投放效果不断优化模型,从而降低营销成本。这种场景的应用,与"千人千面+流量分发"的情况有一定的差异性,但是底层都与用户画像密切相关。

场景 1:刺激"潜在用户"与"流失用户"的投资。

针对理财用户,并且是当前不再持有资产的用户,在特殊的时间点刺激目标人群进行投资,从而让用户的营销成本低于最初设定的获客成本(500 元)。其中,获客成本的计算方法如下。

假设一批用户群体的自然投资转化率相同,各筛选 500 人组成 A、B 两组,对 A 组不做任何营销,而对 B 组做活动营销。在营销的有效时间内,A 组的投资转换人数为 200 人,B 组为 350 人,则获客增量就为 150 人。而此次营销的成本增量为:营销短信费+转换人数所使用的物料成本。因此,获客成本=成本增量/获客增量。

智能构思:在后期的营销过程中,运营人员设定此次活动主题的预期获客成本、目标人群的投资意向程度、物料种类以及营销人数。则"智能营销系统"能够根据输入的参数值,结合"目标函数模型+条件限制"不断迭代优化,从而在预期获客成本值以下找到满足这次活动主题的"全局最优值",自动地向目标人群进行活动营销。

场景 2：在特殊季度中短时间内达到投资总量。

针对理财用户，运营中心突然需要短时间内满足资金总量，从而结合活动营销让进度更快、成本最少，达到预期的投资总量。

智能构思：运营人员在营销过程中，设定此次活动主题的目标投资量（5000万元）、营销物料的种类与额度（红包、加息券），以及人群种类。则"智能营销系统"能够根据输入的参数值，结合"人群+目标函数模型+条件限制"不断迭代优化，以最少的成本满足，甚至超过预期地满足投资总量目标。

当然，还有更多主题的营销活动场景，无论是在电商行业还是在互联网金融等行业，都能有实际的应用和价值。

值得欣慰的是，目前我们平台已经围绕理财用户的全生命周期，逐渐实现所谓的智能化营销。比如"新客转化场景"，面向 1000 万名注册未投资的用户，每天通过智能化营销就能实现自动给有高投资意向度的用户做营销。整体投资转化率相比使用"传统营销方式"提升了 10 倍，获客成本也控制在 100~200 元之间。这也就是数据价值的探索，也是做数据的信仰，如果仅仅把重心放在基础性底层建设，这样的大数据时代是走不远的。

7.5.3　技术难点

对于刚刚介绍的场景，如果把它当作一款数据产品来设计，可以算是 CRM系统的升级版。更多的亮点在于"精准 与 自动化"，可以设计活动主题配置、用户营销分组、营销效果跟踪等功能。

但是如果开发资源有限，业务需求紧急，那么也可以将它当作一个需求去开发。在一定程度上，虽然营销效果能够达到，但是对于模型效果的迭代、自动化流程这些预期功能，则需要一定的人工成本消耗，毕竟这种阶段的痛点在于先解决问题。

但是，无论采取哪种形式，整个开发环节中的技术难点体现在"用户画像体系+目标函数模型的构建"上。用户画像体系差异于以往"统计指标的用户标签"，更多的是一些抽象的、深层次的标签。目标函数模型构建的难点是结合业务运营的主题场景，差异化地构建相应的"目标函数与条件限制"。

本节就 7.5.2 节的"场景 1"展开解决思路的分析，便于扩展大家的思维，从而面对更多的业务营销场景。

在刺激"潜在用户"与"流失用户"的投资营销中,我们需要先思考目标人群的分类,给平台用户设定一个"用户场景标签"。具体为:潜在用户、认知用户、现有用户与沉睡用户。

从定义上,我们将还未投资,但是有兴趣倾向度的用户划分为"潜在用户";将有一定程度投资,但是黏度不高的用户划分为"认知用户";将当前平台的高频投资、高黏度的用户划分为"现有用户";将长期不投资、不活跃,甚至是流失的用户划分为"沉睡用户"。用户细分对于智能营销而言,是很关键的一步,可以看作是一个用户标签。

接下来还会涉及用户的自然投资意向度、活动敏感度(区分红包、加息券),可以说这是更重要的两个用户标签,因为它们代表了用户的自然投资意向和物料触及后的投资意向,影响着获客成本。

比如,针对一个自然投资意向度很高的用户做营销,客观来说这是浪费营销成本的,因为用户自身就会带来投资行为,大可不必去干扰平台。因此,通过全局最优的"目标函数模型",结合条件限制去寻找一个平衡点很重要。

在对"场景 1"的讨论中,我们就可以结合用户场景标签构建"营销主题的目标函数模型"与"条件限制",从而实现智能营销的初级场景,真正筛选出适合此次活动的目标人群。

但是活动效果的好与坏,则取决于活动标签的准确性,以及目标函数的合理性。如何在用户还未投资,甚至不再投资的情况下,通过挖掘用户的行为路径、关系网络、客户价值等维度的数据价值,确定平台用户的投资意向度,以及活动敏感度?这么做的难度很大,毕竟用户积累的数据很少,需要长期测试,不断迭代优化模型的准确率。

当然,同样重要的一个环节是"严格的效果测试",同样投资有意向的人群,在物料的触及之下,控制其他因素的干扰,能够通过用户数据表现,量化出此次营销效果的好与坏。

这类"智能营销"的构思在落地后取得了不错的效果,相信在后期的版本迭代过程中,还会对其进行数据产品化的工作,同时增加更多的营销场景。我们也将不断探索数据价值在每一个业务场景下的实际应用。

第 **8** 章

反欺诈实践篇

8.1 "羊毛党"监控的业务

我们系统地对"羊毛党"监控平台的功能进行了 2.0 版本的升级，整体功能与用户体验做得更好了。所以，为了做这个项目的工作总结，也为了引导更多人了解互联网金融的业务，以及大数据挖掘实践的落地，下面和大家聊一聊"羊毛党"监控的那些事儿，本节先针对业务场景进行介绍。

8.1.1 "羊毛党"的定义与特点

"羊毛党"是关注与热衷于"薅羊毛"的群体，它起源于互联网金融的 P2P 平台，指那些专门选择互联网渠道的优惠促销活动，以低成本甚至零成本换取物质上实惠的人，而这些行为被称为"薅羊毛"。

目前，从平台的角度定义，它的细分种类有个人、家庭、同事、朋友、技术团队和专业团伙，而平台重点打击以发家致富为目的，不折手段套取平台活动福利的"羊毛党"团伙。

结合以往的经验，通过长期的观察，总结出"羊毛党"的特点如图 8-1 所示。

通过监控平台的异常用户画像分析，能够深入地了解"羊毛党"的人物标签、投资标签，辅助业务运营做决策。

很多"羊毛党"也没有风险辨别能力，大多数人缺乏对平台的背景分析、业务分析和风险分析。就像流水线上的机器，只知道不停地注册、绑卡、投资，完成任务返现和提现。

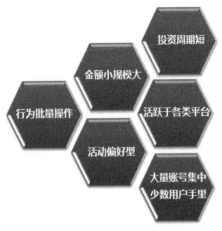

图 8-1　羊毛党的特点

8.1.2　"羊毛"存在的必然性

俗话说："凡是合乎理性的东西都是现实的，凡是现实的东西都是合乎理性的。"这些年，互联网金融的高速发展与"羊毛党"密不可分。

2014—2015 年，"薅羊毛"行为逐渐兴起，并迅速火爆，得源于以下两个原因。

其一，互联网金融的兴起，年化收益率比很多理财方式都要高得多，这自然吸引了投资人；其二，那时候每天都会有很多新增平台，平台需要"羊毛"增加人气，扩大品牌效应，从而吸引更多稳健的投资人。平台也需要"羊毛党"刷业务数据，包装平台的整体实力。

因此，平台之间的竞争、人群投资意识的提高、"羊毛"推手的疯狂宣传。各种因素的汇聚，促成了产生这一现象的必然性。

2016 年能被"薅"的优质平台越来越少，监控力度也更加严格。反倒是垃圾"羊毛"的劣质平台很多，每天都有"跑路"的和倒闭的。同时，"薅羊毛"投入成本和门槛有所提高，很多"羊毛"都要有上万元的投资额度，劣质的平台在逐渐消退。

2017 年整个金融行业，很多老牌平台逐渐把重心放在合规落地上，对于活动的推广力度不再疯狂，而是通过推荐网站的渠道获取新用户，以及通过定期的网贷节、平台周年庆、节假日开展中小规模的理财活动。

相反，越来越多的小平台也逐渐退出市场。可以说，第三方渠道推广的返现金活动是"羊毛党"的最后一线希望。

8.1.3 "羊毛党"的进化

"羊毛"产业随着互联网金融的发展不断进行转型，从最初的单打独斗变成现在的团体行动，甚至与广告商、活动推广平台合作，多方获利。

1. "羊毛党"的形成

在初期，P2P 未成规模，平台根本不愁找不到投资人。而在 P2P 平台爆发增长后，为了竞争，有的平台开始披着"羊毛"高姿态进入领域，各大平台纷纷效仿，投资人也热衷于"薅羊毛"。

2. "羊毛党"的组团

在各大平台竞争激烈时，P2P 终于面临了第一波公司的"跑路"潮，让很多投资人惊恐不已。为了稳定投资人的情绪，很多平台反倒加大了活动力度，甚至鼓励"羊毛党"邀请身边的亲戚朋友一起来"薅羊毛"，从而逐渐形成"羊毛党"的小团体。

3. 有组织性的"羊毛党"

很多"羊毛党"看到了其中的暴利，有不少人辞职而专去做了这一行。他们批量养卡，寻找"羊头"抱团，真正有组织、有纪律地寻找下一个做活动的平台。他们采取的手段，让很多小平台防不胜防，具体如下。

（1）购买大量 SIM 卡账号。

（2）低价购买大量低端品牌且待机时间长的手机进行登录。

（3）使用同一部手机，通过不断"抹机"时间超长的消除记录。

（4）通过在网上购买大量银行卡信息进行实名认证。

（5）使用猫池设备伪造登录信息。

（6）通过代理商修改地理位置和 IP 地址。

正是如此，让很多金融科技公司在最近几年专注研究设备指纹的算法，致力于寻找一个唯一的身份标志来跟踪跨平台、跨终端的异常用户群体。

8.1.4 "羊毛党"存在的利与弊

对于"羊毛党"而言,"薅羊毛"的目的无非就是想多赚一些钱。但是,常在河边走,哪有不湿鞋呢。很多新闻报道"羊毛党"月入过万元,但在当下的大环境下,只是极少数人月入过万元而已。

新的"羊毛党"入行,要想多赚钱,就需要给经验丰富的"羊头"交学费,而"羊头"本身也不是一帆风顺,有些"羊头"甚至就是单纯为了骗学费,最终卷款而逃。不少"羊毛党"都有"干一票就走"的心态,若碰上"跑路"平台,连本带利都要赔进去。

如今很多资质不错的小平台,"羊毛"也不多了。而一些有背景的大平台,"羊毛"力度也大大减小。最可怕的是,还有很多垃圾平台与一些无良"羊毛推手"一起坑害"羊毛党"。

对于平台和行业而言,"羊毛党"给其带来的好处无非就是增加平台的气氛和业务数据,冲冲业绩,并无他用。但是很多企业由于缺乏经验、失策、刻意为之,推广的活动漏洞百出。从而导致市场营销的活动奖励被"羊毛党"套利完,而在"羊毛党"集体提现投资金额后,不少平台由于资金流的压力,也逐渐开始弄虚作假而发假标了,甚至是迫于资金压力"跑路"。

8.1.5 "羊毛党"监控平台的意义

在投资人理财的过程中,如果有可观的利润,自然而然地就会出现某些恶意诈骗团伙。他们靠薅 P2P 平台"羊毛"谋生,长期以来,对平台的活动运营成本损失很大。因此,监控恶意"羊毛党"团伙,并采取相应的防范措施,是"羊毛党"监控平台真正要做的事情。

国内 P2P 市场在监控"羊毛党"上一直是令人十分头疼的问题,大多数平台都是借助安全产品做一些黑名单库的监测。由于数据资产的保护,第三方公司缺乏平台全站用户的行为数据分析,以及相应的监控防范措施,从而导致真正防范效果并不太显著。

更致命的是,所谓的第三方风险库的数据源可能都有问题。相对来说,很多大型的互联网金融公司更愿意自己构建一套"羊毛党"监控平台。

"羊毛党"监控平台能解决的问题主要有 3 个:精准、实时响应和业务产品流程中的行为干预。概括起来,有以下几个方面。

(1)真正实现事后判别到事前实时监控。

（2）整合用户全站数据，更精准地分析用户，包括用户的异常评估与类别区分。

（3）在判定用户异常后，会将其融入在产品流程中，采取征信环节，从而对恶意"羊毛党"的行为进行干预。

这也是大数据产品的意义所在，从数据中发现问题、解决问题，并且辅助于业务运营。

恶意"羊毛党"群体一方面伤害了平台，同时也让投资人变成"接盘侠"。另一方面，破坏了行业市场，刻意推高平台获客成本，最终让不少优质的平台也开始走向骗局。所以，出于种种原因，即使在网贷合规落地的同时，整个行业对于恶意"羊毛党"的打击也从未停止。

8.2 "羊毛党"监控的设备指纹

随着互联网金融行业的发展，在提到反欺诈监控时，必须会提起的一项技术就是"设备指纹"。市面上的很多数据安全公司也都将其作为大数据风险控制的关键技术之一。同样，在开发"羊毛党"监控平台的过程中，也涉及设备指纹的自主研发。

8.2.1 何为设备指纹

设备指纹，是用设备的显著性特征，生成该设备的唯一标识，简单来说就是为了对业务分析有所区分。

设计设备指纹一般是采用硬件数据和业务数据的组合方式，在 Web 和 APP 有不同的生成逻辑。例如，手机在生产过程中都拥有一个唯一的 IMEI 编号，用于唯一标识该台设备；电脑的网卡，在生产过程中会被赋予唯一的 MAC 地址。可以将这些设备参数视为设备指纹的显著性特征，这对于设备的区分有很大的帮助。

关于设备指纹的底层原理可以分为两个板块理解，即"数据采集"与"算法组合逻辑"。

1. 数据采集

通过在网站、移动端嵌入前端 JavaScript 脚本或 SDK 来收集终端用户环境的硬件数据、业务数据和行为数据。就像手机型号、操作系统版本、Mac 地址、DNS 地址、CPU 型号、分辨率、IP 地址、IP 地址、动作方式等。

2. 算法组合逻辑

利用所收集的数据，分析出具有有差异性的参数特征，结合生成算法建立一套平台内的设备指纹库，相当于为每一位用户所使用的设备都分配了唯一的身份标识。

在国内的大环境里，更多人把设备指纹理解成一串 Hash 值，其更多的商业价值和业务应用还有待挖掘。

8.2.2　底层参数

前面提到了设备指纹的生成逻辑，主要原理是利用设备参数的组合。虽然这样讲过于片面，但是很多公司就是这样理解这样做的，我们也可以顺着这条线了解一些底层参数。

1. 在 Android 系统中

UUID：区别移动设备的标志，可以结合方法为每个设备产生唯一的标识。

IMEI：国际移动设备身份码的缩写，是由 15 位数字组成的"电子串号"，与每台移动电话一一对应，而且每台移动电话的该码是全世界唯一的。不过像平板电脑这样没有通话功能的设备没有这个参数。

Android_ID：当设备首次启动时，系统会随机生成一个 64 位的数字，并把这个数字以 16 进制字符串的形式保存下来。

MAC Address：它可以使用手机 Wi-Fi、蓝牙的 MAC 地址作为设备标识。

2. 在 iOS 系统中

UDID（Unique Device Identifier）：苹果 iOS 设备的唯一识别码，它由 40 个字符的字母和数字组成。

UUID（Universally Unique Identifier）：通用唯一识别码，它让分布式系统中的所有元素都能有唯一的辨识资讯，而不需要通过中央控制端来做辨识资讯的指定。

MAC Address：如同身份证上的身份证号码，具有全球唯一性。用来表示互联网上每一个站点的标识符，采用十六进制数表示，共 6 个字节（48 位）。它在网络上用来区分设备，接入网络的设备都有一个 MAC 地址，它们肯定都是不同的且是唯一的。一部 iPhone 上可能有多个 MAC 地址，包括 Wi-Fi 的、SIM 的等。但是平板电脑上只需获取 Wi-Fi 的 WAC 地址就可以了。不过用户也可以通过设置禁止此参数的获取。

IDFA（identifierForIdentifier）：广告标示符，适用于广告推广、跨应用的用户追踪等。在同一个设备上的所有 APP 都会取到相同的值，是苹果专门给各广告提供商用来追踪用户而设置的。但是用户可以在设置中进行重置，禁止获取该参数，所以有时会获取不到。

IDFV（identifierForVendor）：用于分析用户在应用内的行为等，和 IDFA 不同的是，IDFV 的值是一定能取到的。但如果用户将此 APP 卸载，则 IDFV 的值就会被重置。

8.2.3 应用场景

设备指纹之所以重要，是因为它在互联网行业中有很多的应用场景。

1．用户行为追踪

在电商行业中，消费网站会收集用户的设备信息，并根据设备指纹信息对用户进行商品推荐，当然也可以为用户提供账号安全的保障。

2．广告推广

很多广告公司会结合用户在设备上的网络行为，有目的地推送营销广告。基于设备指纹识别的技术可以使得广告推送变得更精准、不受 Cookie 等修改的受限。

3．反欺诈技术

无论是电商行业的黄牛党，还是互联网金融的羊毛党，设备指纹在反欺诈中都扮演着重要的角色。设备指纹可以给业务运营人员提供业务上的安全保障，解决常见的垃圾注册、盗号、撞库、异地登录等异常的行为，有效性很高。

当然，在互联网金融行业，很多平台为了扩大用户量和资金量，也会大力度地开展很多理财投资活动。由于主观、疏忽，容易造成营销活动存在一定的规则漏洞。

大批羊毛党疯狂地注册，成为注册用户，完成相应的任务后获得奖励，这极大地浪费了平台的运营成本。

所以运用设备指纹的技术，在一定程度上也能够做好相应的防范规则，让每一次运营活动的风险得到控制。

4. 设备指纹的开放服务

如今用户隐私的数据安全性极其重要，很多平台并不愿意共享自身的优质客户和风险用户。毕竟现在很多数据风险服务的接口，都是采取校验手机号、身份证号的方式，这在一定程度上降低了整个行业的共享意识。

如果整个行业统一使用设备指纹的生成算法，以此作为跨平台用户的唯一身份标识。那么对于用户的异常分析和数据共享而言，就可以做到避免用户的隐私信息被泄露，又能利用设备指纹精准地打击"羊毛党"。

而且如果整个行业有这样一个中心点的设备指纹服务，每个平台所分享的高危用户的设备指纹也有一定标识，这样就知道这些高危用户来源于哪个平台了。通过这种方式，既保证了隐私性、数据质量，又扩大了风险库的用户量。

8.2.4　移动端的数据持久化

对于移动端而言，设备指纹也有存在的意义。那就是在极大程度上减少了客户端上报的数据量，增加了用户体验，避免了用户的流量套餐被浪费。

通常的数据上报形式，涉及设备硬件数据，它们是一个很难改变的值。但是出于收集的必要性，对每一次用户操作事件都会有所记录，特别是针对 Android 系统采集 APP 列表，数据量是很大的。

所以有设备指纹概念后，移动设备的客户端都会在每一次初始化时，上报一次设备硬件数据。同时将该设备的"设备指纹"进行持久化存储，后期的用户操作事件都不需再上报此数据，只需带上设备指纹即可。

"初始化"是指用户每次新打开 APP，包括用户将 APP 后台进程"杀掉"，再次进入 APP，也算初始化过程。在此基础上，数据开发人员在后期分析用户行为数据时，只需要结合设备指纹进行关联，就可以找到该设备最新一次的初始化硬件数据，从而进行业务分析。

8.2.5　设备指纹生成算法

对于设备指纹的算法逻辑，每一个平台都有自己的算法。不过，如果仅仅只是把它看作 Hash 值，那么所谓的算法就并不存在，因为平台的差异性在于参数的筛选。毕竟这是目前国内大多数公司常见的做法，这里给出一个开源的生成算法，地址如下。

- github 开源：https://github.com/Valve/fingerprintjs2/blob/master/fingerprint2.js。
- 测试 demo：http://www.pbccrc.org.cn/。

不过，我们公司最近也在打算升级设备指纹的算法，试着结合更多维度的数据，以及跨终端（PC 端、APP 等）的方式分析用户的设备指纹。也就是说，即使 APP 与 PC 端的生成逻辑有所差异，但是能够通过用户的行为找到两者的关联。

设备指纹的应用场景很多，而且它的意义也极其重要，即能够在某种场景替代用户的隐私信息来间接性地分析用户异常行为。但是很多平台都有私心，包括在数据资产、风险用户、设备指纹算法等方面，在一定程度上也阻碍了很多技术的快速发展和迭代。

对于设备指纹的开发，在确保硬件参数的高获取机率、区分性指标外，还可以把数据扩展到更多的用户特征维度上，甚至是跨终端的设备关联分析上，从而构建一个全渠道的用户关系网络，全方位地进行大数据反欺诈监控。

8.3 "羊毛党"监控的数据驱动

"羊毛党"的"业务场景"和"设备指纹"是促使做监控平台的关键。其实"羊毛党"监控平台的数据驱动，才是数据产品的魂。

8.3.1 监控的目的

在规划一款数据产品时，要明确业务需求的痛点，这才是关键。同样，对于"羊毛党"监控平台而言，业务场景的目标人群主要是针对恶意批量"薅"活动奖励的"羊毛党"团伙。

除了有集中操作大批量设备（例如猫池、群控的人）的人外，还有具备组织性的羊头团伙。

另一个痛点是要具备实时性，也就是从事后发现，调整成事前防范。

因此整个平台的底层架构会采用大数据实时场景，结合目前的发展趋势与业务场景，可以使用 Spark Streaming 的流式处理框架。

大数据业务场景离不开实时、准实时和离线这 3 点，对这 3 点要有所了解和区分。

在上面的描述中，我们如同有了水管装置，要得到高质量的水就需要找到水源和过滤装置。

如图 8-2 所示，整个监控平台的数据驱动，来源于业务产品的埋点数据。例如平台网站、手机 APP、以及 Wap 浏览器、H5 等，任何渠道只要用户能够触及的都是数据的来源。埋点所监控的事件和所采集的字段，大体可以分为业务数据和硬件数据。

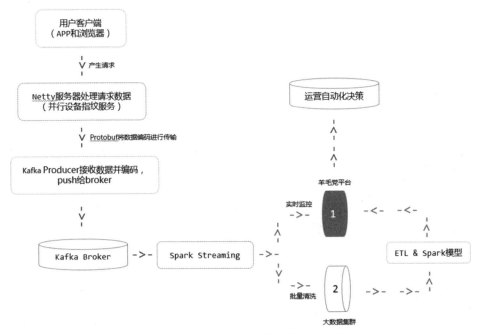

图 8-2　"羊毛党"监控系统的数据流程图

在 PC 端，"羊毛党"监控系统主要监控 6 个事件：注册、登录、浏览、交易、按钮和点击；在 APP 端主要监控 8 个事件：打开、登录、注册、交易、浏览、按钮、点击和关闭。

具体的字段类型有，硬件数据：手机型号、操作系统、手机号码、运营商、MAC 地址、DNS 地址、APP 安装列表、设备名称等；业务数据：用户 ID、IP 地址、代理 IP 地址、APP 版本、是否用模拟器登录、经纬度等。

由于日增流量很大，同时也考虑到数据产品的需求场景，我们大可不必监控所有事件。因此，整个"羊毛党"监控平台只关注这 6 个特殊业务事件：注册、实名、绑卡、充值、投资和提现。层层的过滤网筛选是整个数据产品的核心，确保用户监控异常的精准性。

所以，这层过滤网包括 4 个方面的内容，即第三方检测、平台自身风险库、规则引擎和反欺诈模型，具体的监控明细如图 8-3 所示。

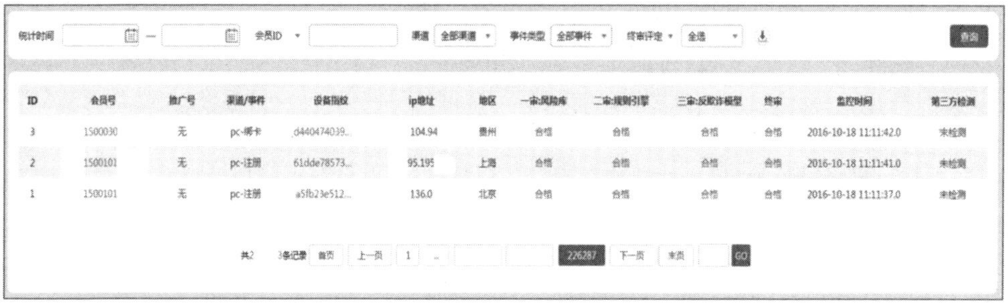

图 8-3 "羊毛党"监控系统的用户明细

当然，上面的报表也仅仅是提供给运营人员作为分析使用的，可以针对具体的会员号、设备指纹、校验流程查看相应的明细。在线上的产品业务流程中，主要还是通过用户检测的实时 API 接口评估用户的异常程度，给予业务运营决策上的支持。

8.3.2 数据如何"食用"

一款优秀的数据产品，只有真正与业务线相结合，服务于业务和用户，才能算是能落地的产品。在目前的市场环境下，整个"羊毛党"监控平台真正的业务应用场景更多的是偏向于渠道市场推广所带来的活动返现，而这个事件点集中在注册、首次投资和二次投资这 3 个阶段。

如图 8-4 所示，整个数据产品真正形成了一个数据闭环，从用户行为上获取数据、进行分析、辅助做业务决策。

这个流程可谓是取之于民、用之于民。针对整个"羊毛党"监控平台后续效果的跟踪，能够通过时间线的迁移观察异常用户的业务表现，从数据上客观地评估整个数据产品的准确性。一款优秀的数据产品并不是一蹴而就的，而是靠长期的数据校验、产品迭代，逐渐体现出业务价值的。

所以整个效果跟踪的意义在于能辅助产品人员具不断优化用户校验流程，不管是对风险库、规则引擎，还是反欺诈模型，都具有很大的促进作用。

　　"羊毛党"监控平台的数据驱动，包括数据源、数据管道、数据过滤和数据应用，其真正切切地实现了数据的闭环分析。我曾经说过："对于数据产品经理和数据挖掘工程师，甚至是其他的与数据相关的岗位而言，不能仅仅关注所属技术和业务点，一定要了解数据的上下游，更要了解自身岗位在整个数据产品中所扮演的角色。"而这一点对于每个数据人的职业发展极其重要。

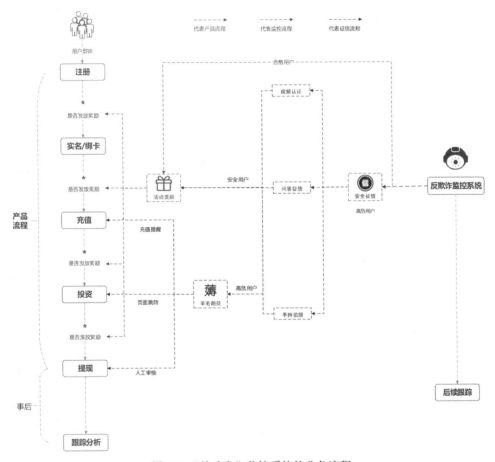

图 8-4　"羊毛党"监控系统的业务流程

8.4　"羊毛党"监控的实践分享

　　猖獗的"薅羊毛"行为让很多平台开始防范"羊毛党"，随着"薅羊毛"技术的迭代更新，大数据技术也在发展，一场攻防恶战正悄无声息地进行着。

人人都谈大数据，也有不少人对它存在一定的误解。但不可否认，大数据生态圈的很多技术已经落地了，数据产品驱动业务的时代已经逐渐来临。

相对来说，业务场景的真正痛点主要有 3 个方面：实时性、精准性和行为干预。也就是说，实时精准地监控恶意"羊毛党"团伙的异常行为，并在产品流程中采取相应的防范措施，这是"羊毛党"监控平台真正要解决的痛点。接下来就需要深度思考下面这 3 个问题。

- 监控渠道的范围有哪些？
- 监控事件的阶段有哪些？
- 异常校验的流程考虑哪些方面？

监控渠道范围主要针对 PC 端、Wap 和 APP 这三个方面，完全囊括用户群体接触平台的所有方式。对于监控事件而言，会单独针对用户在平台投资流程中的显著性阶段，如注册、实名、绑卡、充值、投资和提现，以及后续的复投进行跟踪。关于异常校验的流程，一方面需要考虑用户冷启动的问题（平台新用户）；另一方面需要更精准地识别恶意的"羊毛党"团伙。毋庸置疑，在整个反欺诈数据产品中，最核心的点就是实时监控和反欺诈模型。

1. 在实时场景上

在处理实时场景上借助 Spark Streaming 流式计算来进行处理，目前能保证用户触发监控事件后，整个反欺诈产品在 5 秒内完成对该用户的所有校验环节。最终评估此用户是否存在风险，以及对此用户进异常详情的分析。

2. 在校验新用户时

在校验新用户时，对冷启动用户（没有任何资金和投资记录），整个反欺诈监控系统采用了第三方风险库、平台黑名单库和规则引擎进行综合校验评估。

出现考虑到第三方风险校验是一个收费的服务，比如拿平台用户的手机号验证第三方接口，如果一次异常，则需要花费几块钱的服务费。所以，整个数据产品只会在用户注册阶段验证一次第三方风险库，并对异常用户的数据和风险详情进行存储，服务于平台自身黑名单库的监督性学习机制。

冷启动用户的校验机制，如图 8-5 所示。

图 8-5　冷启动用户的校验机制

3．在反欺诈监控模型上

随着用户在平台上的行为不断积累，涉及用户的信息、资金数据、投资记录、推荐关系和用户行为会起到逐渐完善用户画像的作用。

这时，整个反欺诈监控模型的效果也将开始发力。好的业务模型不只是一个算法而已，应该是由多个算法和业务运营规则集成在一起的。

对于其中一个用户细分模型而言，除了判断用户是否为羊毛党外，还需要识别该用户属于哪一种类型的羊毛党。

在判别出用户属于哪一种类型的羊毛党后，还需要结合业务运营的弹性因子，综合评估用户存在的风险，最大可能地挖掘出异常用户群体中的潜力用户，这是整个用户细分模型所做的事。如图 8-6 所示的是用户细分模型中的一个环节，对于用户的关系维度，有很多强关系、中关系和弱关系的指标。挖掘用户在整个平台的关系时，模型可以横向扩展很多分析维度，从而更全面地挖掘出用户的整个关系网络。

例如，两个人都使用同一个身份证，那么这两个人基本上可以归并为同一个用户。而两个人都使用过同一个手机设备，至少可以分析出这两个人是相互认识的。很多大数据平台在借款端的业务场景中也使用过这种分析思想。

虽然要结合业务分析用户的特点，但理财反欺诈和借贷反欺诈肯定有所差异，这种关系网络的分析思想最适用的场景还是针对于理财投资。

在整个关系网络的分析中，困难点是以下四点。

- 大数据下的清洗。
- 分析的时间窗口的选择。
- 关系维度的选取。
- 权重信息熵的平衡。

这些都决定了整个关系网络的挖掘效果的好与坏。这也是精准分析异常用户的一个核心要素。

图 8-6　关系网络的 demo

4．反欺诈产品的效果跟踪

我们对"双 11"活动当天推广渠道带来的用户数据进行了细分场景的监控评估，总共 3.6 万个用户，将这些用户分为 3 个阶段进行分析。

根据用户是否在后期发生复购行为（这里设定复投达到 3 次及以上）评估效果，如图 8-7 所示。

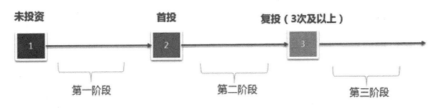

图 8-7　用户投资场景的细分（来自业务需求）

最后，通过整个反欺诈监控系统的重重校验，最终确定活动当天的风险用户有 760 个（已去重）。

根据后续两个月内对用户投资行为的跟踪，发现只有 3 个用户进行了复购行为。将"误杀率"控制在了 0.3%，这效果显然能够让业务运营方感到满意，在监控率和误杀率上得到了平衡。

随着反欺诈产品的不断迭代和模型调优，还会融入产品流程环节，对风险用户进行真正的干预和征信环节。一方面保护真正投资人的利益；另一方面打击恶意"羊毛党"团伙。

第 9 章

大数据挖掘践行篇

9.1　如何从 0 到 1 转型到大数据圈子

对于一个陌生的领域，最重要的还是正确的方向，如果有人引导你会更好，把有限的时间花在必要的事上，做一件正确的事。

2017 年年初，有一位朋友给我来信，他很客气地向我请教了一个令他苦恼很久的问题：

"我是从事 Java 开发的，但是工作经验很少，也并非"科班"出身，可以理解成跨行业。但是一直特别喜欢数据、人工智能等这些新的方向。自己平时也没闲着，看了很多关于 Python 的书，也很想接触大数据领域，找了非常多的教程，但是对大数据领域还是比较模糊，不知道如何下手，担心费力不讨好。"

类似的问题其他人也问过我，接下来从以下几个方面谈谈看法。

- 大数据领域都会涉及哪些岗位。
- 转型到大数据圈子，或者是大数据挖掘，困难在哪里。
- 我们能做什么。

1. 大数据领域都会涉及哪些岗位

不少人认为，从事大数据行业的人，要么在折腾集群的事，要么在折腾数据的事，总之肯定要和数据打交道。这是事实，但是还可以说得更深入一点。对于这个领域，从数据源到数据化运营，涉及的细分岗位特别多。数据从哪里来呢？大多数平台的数据来源及其占比如下。

- 60%来源于关系数据库的同步迁移，偏业务运营数据。
- 30%来源于平台埋点数据的采集，偏用户行为数据。
- 10%来源于第三方数据，或者是跨行业数据。

有数据就需要结合实际业务场景进行数据清洗加工，这时，自然而然地孕育了 ETL 工程师，即活跃于业务和数据之间的"小蜜蜂"。

但是很多公司已经不再满足于数据的展示了，这时就需要在现有数据的基础上做很多探索性的工作，大数据挖掘工程师和算法工程师主要在做这方面的工作。

所以，从 0 到 1 的第一步，是先清楚在大数据领域都有哪些岗位，了解清楚自己感兴趣和真正适合的岗位。

2．大数据挖掘的困难在哪里

大数据挖掘这个领域薪资相对高一些，因为门槛较高。毋庸置疑就两点：基础功底和学习方向。需要具备的基础功底如下。

（1）数学，高数、线性代数、概率论、博弈论和图论、数值计算等这些是你躲也躲不开的必学基础知识。

（2）算法也是不可缺少的，不管是算法导论，还是模型中常用的算法（分类、聚类、预测和综合评估等），都是构建业务场景模型和写出高效模型的关键。

（3）代码工程能力，这可能会难倒不少偏理论和工具型的朋友。它之所以重要，是因为你从事的是大数据挖掘，能动手实践最重要。

（4）英文阅读能力，阅读国外的学习资源，看懂外文的参考文献，除了要有数学基础外，英文阅读能力也非常重要。

可以说，想从事大数据挖掘的朋友，有一个正确的学习方向很重要，有人引导当然最好，但更多时候需要自己实践和总结。

3．我们能做什么

要在基础功底和学习方向上花时间。

你可能花了两年的时间掌握了 80%的专业能力，但是需要再花 5 年的时间甚至是更长的时间才能领悟到剩余 20%的精髓。

在学习方向上，有以下几点建议。

（1）不闭门造车：大数据这个领域发展很快，有很多新技术产生，也有很多多以旧技术被淘汰，但都离不开这几个场景：离线、准实时和实时。所以要多关注社区的发展。

（2）找到伙伴一起学习：知识在于分享和讨论，与别人共同学习，会发现很多你曾经忽视的细节，也能用更少的时间获得更多的知识。

（3）试着找到一个引导人：不听老人言，吃亏在眼前。古话说的就是这个道理。当然，引导并不代表单方面的依赖。

希望每一位刚刚转型入门的朋友都能铭记于心，减少不必要的"试错成本"。

9.2　数据挖掘从业者综合能力评估

不少朋友在学习大数据挖掘时，耗费了不少时间在一些无意义的事上。而且做的大多数事情并不能让自己在应聘时突出自己的核心竞争力，也不能展示出自己与其他应聘者的差异性优势。

9.2.1　度量的初衷

在做大数据挖掘时，在每一个阶段都需要具备相应的技能，如何明确自己现阶段的排位，找到更好的方向？可以通过数据挖掘从业者综合能力度量指标分析获得。

对于度量的意义，主要有以下三点：

- 认清自我，查缺补漏。
- 找准方向，少走弯路。
- 不断打磨，激励自己。

对于度量的适用人群，主要针对于这三类：

- 跨界转行做数据挖掘的朋友。
- 毕业求职的在校学生（本科、研究生和博士生等）。
- 工作年限在 3 年之内的数据挖掘从业者。

对于度量的指标来源，要考虑以下三个方面：

- 面试时，所考察的技能方面。
- 工作中，所经历的实践场景。
- 规划上，所看好的学习方向。

记住一句话：不管外界如何浮躁，只有将大数据在业务运营中实践落地，为公司创造真正的价值，才能收获更多的回报和成就感。

9.2.2   综合能力评估

如图 9-1 所示是大数据挖掘从业者的硬实力雷达图，包括业务运营（Analyse）、场景建模（Model）、编程实践（Code）、大数据技术（Big Data）和产品思维（Product）。

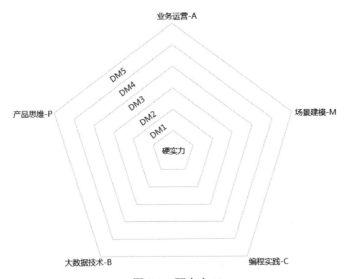

图 9-1   硬实力-Y

每个维度又分为 5 个得分等级：1（一般）、3（及格）、5（中等）、7（良好）、9（优秀）。

从硬实力来看，也分了 5 个 Level：DM1～DM5，即新手、入门、中级、高级和资深。也就是说，大数据挖掘从业者的综合能力，还需要考虑硬实力和软实力综合评估。如图 9-2 所示。

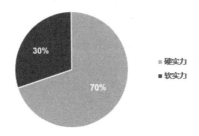

图 9-2   综合能力-Z

9.2.3　个人指标体系（大数据挖掘）

接下来针对目标人群说明 DM1～DM3 等级的具体硬实力考核指标，以及软实力的参考标准。

注意：每一项指标分为不会（0）、一般（0.5）、还行（0.7）和熟练（1）这 4 个权重值。

1．硬实力——业务运营

- 常用办公软件使用的熟练程度。（共计 0.5 分）
- 结构化查询语言 SQL 使用的熟练程度。（共计 0.5 分）
- 制作图表和分析报告，用数据说话的能力。（共计 1 分）
- 对所处行业业务流程的熟悉程度。（共计 1 分）
- 从目前运营业务中寻找痛点场景来挖掘数据的能力。（共计 2 分）

得分区间：0～5 分

2．硬实力——场景建模

- 高等数学、概率统计等数学基础是否扎实。（共计 1 分）
- 是否有经常查阅国内外学术文献的习惯。（共计 1 分）
- 对某一个算法底层推导的熟悉程度。（共计 1 分）
- 对分类、聚类、预测响应和综合评分中某个场景的熟悉程度。（共计 1 分）
- 对一个业务痛点场景建模流程的熟悉程度。（共计 1 分）

得分区间：0～5 分

3．硬实力——编程实践

- 对数据结构等常见算法的熟悉程度。（共计 1 分）
- 是否有经常编写代码的习惯和良好的编码风格。（共计 1 分）
- 对数据挖掘工具 R 语言、Python 的熟悉程度。（共计 1 分）
- 对大数据编程技术 MapRedcue、Scala 的熟悉程度。（共计 1 分）
- 对一个组合场景模型编程实现的熟悉程度。（共计 1 分）

得分区间：0～5 分

4．硬实力——大数据技术

- 对大数据底层数据源的熟悉程度。（共计 1 分）

- 对数据仓库工具 Hive 使用的熟练程度。（共计 1 分）
- 对 Hadoop、Spark 生态圈相关技术的熟悉程度。（共计 1 分）
- 对 MapRedcue 执行过程的理解和优化方向的熟悉程度。（共计 1 分）
- 对数据源底层到数据应用层，完整的流程体系的熟悉程度。（共计 1 分）

得分区间：0～5 分

5．硬实力——产品思维

- 对数据产品驱动业务运营的理解程度。（共计 1 分）
- 对大数据挖掘在数据产品中扮演角色的理解程度。（共计 1 分）
- 是否接触过一款数据产品中的某个研发环节。（共计 1 分）
- 对用户体验、视觉和交互效果的理解程度。（共计 1 分）
- 在业务运营中寻找痛点，对落地数据产品的理解程度。（共计 1 分）

得分区间：0～5 分

6．软实力

- 在团队中协作开发、协调资源的能力。（共计 1 分）
- 向领导、业务运营人员表述观点的能力。（共计 1 分）
- 进入陌生环境，接洽陌生人群的融入能力。（共计 1 分）
- 对职场、工作中，自我心态和情绪的调节能力。（共计 1 分）
- 学习新领域、新业务和新知识的能力。（共计 1 分）

得分区间：0～5 分

上述内容包括硬实力和软实力在 DM1～DM3 这个区间的评估明细，每个朋友都可以结合自身情况对自己做一个量化评估，让自己能够均衡发展，这对于未来的职业规划有很大帮助。

9.3　给想要进入数据挖掘圈子的新人一点建议

在长期的招聘面试环节和模拟面试中，笔者摸索出了一些关于应聘的技巧，可以说是有序可循。然而在接触过的应聘者中，发现绝大多数人都抱有侥幸心理，所以决定说说这些看似寻常，却又严重的问题，让大家可以引以为戒。

9.3.1 诚信与包装

案例 1："老司机"阴沟翻船

在几个月前，身边有同事内推了一位朋友应聘数据相关的岗位。这也是企业在正常招聘与猎头招聘之间开通的一条绿色通道，既省钱，又优质，何乐而不为呢。

这位被内推的朋友也有多年的大数据从业经验。但凡不是混日子的人，工作这么些年，都能够有一定的技术沉淀与经验总结，这也正是很多公司梦寐以求的数据人才类型。

果不其然，这一路面试下来也很顺利，资历与薪资都没有问题，双方也都很满意，HR 也开始准备背调流程，好早一些发放 Offer。

可没想到，背调下来，候选人竟然在简历上的一个小细节出现了问题，就是学历！据 HR 说，这位候选人在简历和面试环节都声称自己的研究生学历是全日制的，结果却是自考研究生。看似无痛无痒，却让 HR 对其职业素养感到堪忧，因为诚信不足。

这里想告诫大家：凡是涉及简历中的学历、工作年限，甚至是薪资水平，在 HR 这个圈子里，都有途径给你刨根到底，而你需要做的就是保证信息的真实性。

案例 2：新人"狐假虎威"

曾经工作时，跨部门的有位同事找我帮忙看一份简历，确认有没有细节问题。抽空看完了简历，发现写得挺好，用词得体、恰到好处，是个人才。

但是，出于严谨，也为了找点建议，又请了身边的人帮忙看看。边看边聊，他也觉得简历很标准，完全可以当模板了，可最后他补了一句话：像是有人指导写出来的。

可真没想到，跨部门的这位同事私下和我说这简历是"包装"的，工作经历也是假的。

世事难料，人心更难揣摩，把包装理解成造假，这才是最致命的。如果你也还没理解它们之间的区别，那么希望你停下来先思考，而不是盲目地改写简历。下面结合图形去表述它们之间的重要性，如图 9-3 所示。

所以也希望初学者，甚至是刚毕业的朋友，在写简历时，一定要记住如图 9-3 所示的五个点及其顺序，不可本末倒置。

图 9-3　简历金字塔的五个关键点

9.3.2　筹备能力

简历写得再漂亮，也只能决定你是否能够有机会面试。而简历如何写，却决定了你在面试中能聊什么内容，以及你前期如何有针对性地筹备面试。

大多数初学者、转型者、入门者，对于数据的"基本功底"和"知识面"都会有所局限性，这很正常，毕竟缺乏实践和经历。

很多朋友特别容易走弯路，学了一大堆"时髦"的知识，东扯一些，西聊一些，但都不能说透彻，这才是最大的问题，也特别耗费时间，更别提面试后被拒。大多数人去应聘的岗位、期望的薪资，都大可不必这样去折腾，这些岗位的应聘都有规律可循，只要你能把基础功底打扎实，能有一定的差异优势，就很不错了。

案例：好哥们应聘峰回路转

身边有好哥们转型，想应聘数据分析师职位。他在自学的阶段，"折腾"了一些算法、Python 编程，连最基础的 SQL 和 Excel 都用得不熟，更别提 SPSS 了，这样的状态去面试极易受挫。

为什么呢？因为对于数据分析师入门级别而言，工作内容都不涉及他最初学的那些知识，而他所缺的正是公司给予一个入门学习成长的机会。我跟他说了以后，他也及时做了相应的调整，后续的面试也越来越顺，收到了不少 Offer。

故事说到这里，或许有人还会有所疑问，到底如何去准备应聘呢？

（1）结合自身基础与兴趣，明确所应聘的具体数据岗位。

（2）通过在网上搜索、找人咨询，了解这个岗位在实际工作中的具体内容和基本技能。

（3）根据所获取的信息，在一定程度上润色工作内容，更重要的是有针对性地找相关资料进行学习。

正确的学习方向永远是最重要的，把有限的时间花在必要的事上，这样公司才会愿意给你一个入门成长的机会。

9.3.3　投好简历

案例：我的个人经历

举一个亲身的例子。我在上一次应聘过程中，投了不少公司，有中意的，也有"试水"的。毕竟有一段时间没有刻意地准备过应聘的相关知识，包括面试技巧、自我介绍等。

但还有重要的一点是，有个别公司离我的住处很近，正好也属于我感兴趣的类型，可以说是极佳的选择。所以，对于中意的公司，要懂得把宝贵机会留在最后，别一味地当"炮灰"。而针对不太感兴趣的公司，甚至是超出自己能力之外的公司，可以尝试去锻炼一下。

这些当"炮灰"的面试，并不是结束就完事了，要学会总结所遇到的面试问题、自身问题及遗漏问题。通过这样的锻炼，在面对心仪的公司时，还能发挥的不好？

下面结合图形表述投好简历在每个时间段的意义，如图 9-4 所示。

图 9-4　投递简历的三个步骤

找工作的朋友在投简历时，一定要掌握好技巧，充分利用每个时间点的面试机会。

9.3.4　把握面试

经历一切的奔波，一切的被抛弃，终于迎来了一个中意的面试机会。这时你要做的就是好好把握机会。

很多朋友败在了初面，除了因为缺乏前期准备、工作内容不匹配的因素外，更多的是由于不懂得表现、性格太轻率、不够自信等原因。

其实在很多时候只要稍加注意和培养就可以了，因此在这关键的一步，每个入门的朋友一定要学会面试数据岗位的相关技巧。

在我和很多朋友交流面试时，主要是从这五个方面进行考察的：自信度、自我介绍、简历熟悉程度、知识广度与深度和业务水平。在正式面试环节，也是参考这几个标准对候选人进行综合评估。

在整个面试过程中最容易感染面试官的一定是你的"自信度""流畅度"和"面试态度"。毕竟你的能力、知识面与业务水平，在面试前已经大致确定了。

如果你的条件根本不符合这个岗位要求，那你被拒绝自然也没什么遗憾。可如果你的条件刚好满足岗位要求，甚至高于岗位要求，却由于一些其他因素被拒绝了，那就只能怪你太大意了。所以，本书告诉了你所需要注意的方面，这些都是在你能力范围之内可以提高的，因为它们在关键时刻能为你创造一个宝贵的机会。

下面结合图形概括面试环节中，作为面试者需要注意的五个核心点，如图 9-5 所示。

图 9-5　求职面试的五个细节

所以，即将要寻找工作的朋友，平时多在这几个方面花一些时间学习，也能让自己在实际面试中表现优异。

9.3.5　结尾

很多人都希望跨入数据领域，但海量的学习资料与培训模式的"流感"如此之广，导致许许多多入门的朋友深陷其中，迷失自我。为了给这些朋友一个正确的方向，本书提出了一些建议。但由于篇幅有限，还有其他许多方面没有介绍，包括信息填写、薪资考虑、入职学习等。总之，希望大家在未来的应聘中理性地对待，善于总结与发现规律。

后 记

数据价值探索与数据产品实践

1. 寒冷的初春

2017 年的初春稍微有些冷晚风也挺撕脸皮儿的。伴随着天气的骤降，不少朋友心里也着实不是滋味。

"互联网行业没有两年前好找工作了，我已经快空闲两个多月了。"这是我一朋友曾经常说的一句话，他被前任公司坑了一次：互联网金融小公司，项目工期结束后，老板看着他们太闲了，为了节省成本，在临近春节前，就找个理由劝退了不少人，他也包括在其中。大多数程序员不太善于表达自己的想法，也不太想花心思去争取自己的利益，因为这比修复 Bug 还累。在互联网行业做技术，这碗青春饭到底能吃多久？工作经验丰富已经不是"免辞金牌"了。

我身边这位朋友，工作六七年了，什么技术都懂，但就是成长不起来，不能独当一面去做事。现在上了一定年纪、有家庭的职场老人比年轻人拼得更厉害，因为他们知道自己被淘汰的代价太大了。

如果互联网这个行业如此举步维艰，那新人们是否还值得赌一把青春饭？

在我看来，这个大环境只有激流勇进，没有松懈，每个人都应该不断去探索自己存在的价值，才不会被这个日新月异的互联网环境所淘汰。

2. 对数据价值的探索，也需要一份耐心

现在大数据这个环境有些浮躁，每个想投身于大数据领域的人，也想赶上这趟快车，让青春饭更有价值。每个从事大数据行业的人，也想抓紧做出点东西，体自己的价值，从而取得更高的回报。

整个大数据基础性建设花费了三四年的时间，现在才算每个体系都比较健全了，可你却急着很快出成效。在我看来，每个人首先要学会把重心逐渐从基础建

设转移到对数据价值的探索，这样或许再花 4 年时间，就会全面彰显大数据的核心竞争力。大数据部门在公司内的存在感挺低，很多涉及核心的业务流程，比如风控、反欺诈，目前都很难真正结合大数据，更别提对模型、数据价值的挖掘。

我经常安慰身边做数据产品开发的同事，数据产品的价值一时没有体现出来，并不代表我们白努力一场，这是整个大数据领域都存在的现象。但是我们不应该放弃，而是应该用心去做好产品，努力推动运营去使用、去迭代，我相信成功不远了。

这个所谓的成功，在我心里，不是得到多少项目分红，而是证明了我们做的事是有价值的。所以，不管你是想入门、想转型，还是默默在数据行业从事多年，或者是已经看透大数据、看透职场，都希望你多一份耐心，学知识需要持之以恒，做事情要有上进心，做数据也需要有足够的耐心。

这个社会总是会淘汰一些掉队的人，也会给不断成长的朋友一个机会，去试试你是否有足够的料，做不平凡的事。总之，改变不会在一瞬间，学会坚持下去。祝每一个数据人一切都好。

3. 数据产品实践之路

忙忙碌碌，回想 2016 年的日子，对于我意义非凡，因为我完成了一款有自己特色的大数据产品。最重要的是，这样的过程，带给我更多的是经历。

1）回忆

刚开始工作时，有一天，领导问每个人，你们对自己的职业都有什么规划。身边的同事都会说一些资深技术大牛的路线，我说我想做一款数据产品。那时的确被笑不切实际。我也没怎么继续聊下去，把这个想法藏在了心里。

在做反欺诈产品之前，在大数据生态圈子里，我绕着数据产品做了以下四点准备。

- 做过数据 ETL 开发，为了去了解业务和数据源，确保了解业务需要哪些数据，以及数据从哪里来。
- 做过产品设计，它是我一直以来的兴趣，我认为数据产品存在的意义有两点：一是解决业务痛点；二是引导人们的需求。
- 做数据挖掘，利用在大学期间打下的基础去实践数据的价值，我很清楚整个建模过程需要注意的各种细节。
- 了解大数据生态圈的技术，掌握 MapReduce 和 Spark，为了清楚整个大数据生态圈数据的来龙去脉，并且能够用编码实现每一个场景模型要实现的效果。

其实，于我而言，尝试去做一款数据产品并不会太难，因为我一直在努力着，仅仅是缺少一个环境而已。

2）机会

我目前所在的公司，是一家老牌的互联网金融公司，整个公司技术氛围很好，跨部门之间的合作也很融洽，特别是 CTO 是做数据出身的，能够引导公司未来数据事业的发展布局。

在我进入公司不到三周左右，上级领导就突然找我谈话，说公司打算在反欺诈这块做些产品出来，用以监控理财和借贷。刚开始听到这个消息，既激动，又紧张。毕竟是新的领域，对整个业务数据都还不了解，也不了解产品业务流程。

但是，整个数据中心要在公司技术背景下打好自己的名声，要真正体现大数据的价值，而不是给别人仅仅是数据支持，最终与领导达成了一致，决定着手调研。

3）弯路

刚开始"难产"了几天，花了很多时间去了解产品业务流程和业务数据，走错了方向。后来把自己遇到的困难和领导进行了反馈，经过讨论之后，初步确定了两条主线。

（1）通过 CTO，联系到资深的放贷催收人员，快速了解目前行业业务流程和用户特点。

（2）做竞品分析，深入解析目前市面上主流的反欺诈产品的优缺点，确定自身产品的核心价值方向。

4）调研

确定好正确的方向，下一步就开始进行调研，主要有两个方面：调研人和调研产品。

（1）调研人。

被调研的人是一位资深的放贷催收人员，他告诉我很多他从业十多年，遇到的形形色色的人和事，并总结出一些经验。比如有以下几点：

- 哪些区域的诈骗可能性最大。
- 什么年龄层次、职业、社会人群最容易借钱不还。哪些正规渠道的人群绝对不能放款。优质客户有哪些。
- 如何设问题去套话，确认这个人借款的真实初衷和还款能力，以及如何去校验用户的个人信息。

- 诈骗团伙都有哪些蒙骗伎俩，中介服务商如何帮助用户骗取钱财，左手换右手的借款人都有什么特点等。
- 如何利用第三方数据源去填补线上借款数据的空白，比如快消行业的数据。

我回去以后总结了整个调研的全过程，反复看了好几遍。其实，对于资深的业务人员来说，他会告诉你很多他的经验和诈骗场景。对于从事大数据的人来说，需要对整个调研过程进行用户群体细分、诈骗用户画像构建、针对差异化场景确定相应的征信校验，以及洞察用户心理。

（2）调研产品。

做竞品分析是做大部分数据产品必须要经历的过程，一方面是明确自身产品的优势及价值点，即你要做的产品有什么不可替代的价值，公司为什么花资源去做它。另一方面，从竞品的调研过程中，看到别人的优缺点，更高效地明确可以借鉴和完善优化的功能点。

当时在分析完国内外比较有名的产品之后，主要从以下几个点去思考。

- 数据源：数据缺乏整合性、数据匮乏，这是很多商业数据产品的一大弊端，不完整的用户全路径行为和用户业务数据，挖掘出的用户特点很不健全。
- 风险库：目前市面很多产品，甚至是公司自主开发的黑白名单库，都是死数据，也就是说，用户存在即能判别，相反则视为安全。如果能找准关键性特征向量，做一个监督性模型去自主学习，不断完善风险库，这也会是一个很大的优势。
- 维度单一：单方面考虑用户行为数据，比如设备信息、网络信息、个人基本信息，但能解决的问题并不多。真正的专业诈骗团伙很容易规避这些规则，也是规则引擎所带来的不足。

所以，当时得到结论是，我们做这个产品的优势和突破点，可以放在以下四个方面。

- 全渠道用户数据整合与积累，这其中，渠道整合代表着 PC、WAP、IOS 和安卓，用户整合代表着用户行为数据、基本信息、资金流向数据，以及第三方有价值的数据源。
- 优化反欺诈校验流程，完善风险库和规则引擎所体现的不足，整个产品系统，融合 4 个模型去做深入挖掘分析。
- 优化风险库的启动机制，让它构造成一个可监督的自主学习体系，不断学习和完善风险库的数量级。
- 增加征信校验流程，真正将数据产品与产品流程融合，不断推进整个产品的学习和完善。

5）与理财运营产品经理的讨论

那时，整理需求和调研就花了两周左右的时间，最终我们确定先着手理财端"羊毛党"这块的反欺诈监控。

有一次，我约了整个理财运营部门，负责做业务数据分析的同事、产品同事和运营总负责人，想一起确认最终的需求方案。他们的产品经理主要讲了以下三点问题。

- 我们产品与其他部门产品的关系，以及未来和他们对接的形式。
- 其他部门目前做的进度和他们开发的设备指纹如何厉害。
- 他们想解决的痛点和我们并发做这件事的价值。

我也仔细回答了这几个问题，这也是我对这款产品的认识。

- 设备指纹：不需要将它神圣化，我们也有算法在做这件事，而且它只是能够辨别用户身份的标识，并无他用。
- 产品真正的痛点：不管是对接哪个部门、哪个产品，理财运营"羊毛党"反欺诈监控，真正的需求痛点只有两个方面：实时和精准。实时性体现在事前监控，响应时间至少要保证在秒级别。精准体现在，真正"羊毛党"反欺诈监控的核心不在于判别用户是否属于"羊毛党"，而是在于判别用户属于哪一类的"羊毛党"群体。
- 资源力量：既然你认可需求痛点，那么仅一个实时性，就非常有技术门槛，无论是 Spark Streaming，还是 Strom，这些技术都在大数据生态圈里，一个传统型业务部门，要做这样的事很难完成，而且仅依靠风险库，能解决的问题极少，很多业务冷启动问题，其优势完全体现不出来。

通过沟通，我更加确定产品要解决的事，需要的功能点，以及与业务的融合形式。

6）产品设计

终于准备开始设计产品了，很多人对产品经理的理解在于画产品原型。

产品经理的主要工作如下。

（1）页面设计。

很多人会花很多时间在产品原型的设计上，甚至会用一些比较高级的画图软件，这其实是很浪费时间成本的，而且意义并不大。

在对接 UED 时，能够确定三点就可以了：布局样式、主题风格和颜色搭配。一方面可以节省他们的构思时间，另一方面在润色上可以交给专业人士去完成。

真正的数据产品，若缺乏功能规划就是花瓶。

（2）功能规划。

产品的功能很容易区分开产品经理水平的高低，也是市面上绝大多数数据产品经理难跨过去的一道坎。

很多尝试做数据产品的人，甚至是后面对接其他部门做同样产品的产品经理，在规划数据产品的过程中，都会暴露一些功能方面的问题。

主要的原因，还是见得少、了解得少，对业务不熟悉，对数据技术不了解。

当时我花了一周时间初步规划好整个系统的页面功能点，反复修改了很多次，确定无误以后，邀请了 CTO、运营人员一起交流。

7）招兵买马、运筹帷幄

领导说打算组建开发小组，趁热打铁，开始做。

就像大多数公司的大数据部门一样，各个岗位的人员配置都不是很健全，不是缺前端，就是缺产品经理，再或者缺 Java Web 工程师，甚至是数据挖掘工程师。

当时，我也是身兼数据产品经理和数据挖掘工程师两个角色。其实我们小组在大数据这块，人员搭配还算健康，还有一个集群运维，一个 Spark Streaming 开发。

三个人对接一条产品线足够了。但是比较急缺的是 Java 后端和 Web 开发。经过协商，综合考虑项目紧急程度和难易程度，找到了跨部门的一个 Java 高级开发人员。

人员确定以后，我心里还是挺有底气的。对接的 Java 高级开发人员，在我们小组里年龄最大。所以我想由他推动产品的后端开发，贯穿流式计算、业务模型和 Java 前后端开发三个板块。但这个决定为以后埋下了隐患。

邀请领导一起讨论：产品讲解和工作安排。这次讨论，虽然大家都是云里雾里的，但是至少责任分工了，算是完成了开发前期的任务。

8）业务场景模型开发

着手开发业务场景模型还是有一定挑战性的，在业务上和数据来源上基本都是一知半解。

好在我以往做过 ETL，有一些经验，除了使用工具本身的技能外，还要具备快速掌握数据源和业务逻辑的学习能力。

我花了大部分时间在业务把控、数据清洗这个阶段。有了这些准备，就开始使用 ETL 处理各种模型特征数据，大部分工作都可以使用 Hive 来解决。

准备好一切，打算开发四个业务场景模型，整个开发模式都是基于 Spark 写的模型，一个业务模型，不代表一个算法，它是由一些组合算法和业务逻辑规则构建起来的。

整个系统在模型这部分，主要体现在以下四个方面。

- 服务于风险库，寻找更多风险用户。
- 服务于充值事件，判别用户是不是"羊毛党"。
- 服务于投资事件，评估用户在平台的风险度。
- 服务于体现事件，确定用户属于哪种类别的羊毛党（用户细分）。

整个模型运作的方式（由于资源有限，并没有采取实时的方式）主要体现在以下方面：

- 离线跑批任务，每天凌晨启动。
- 准实时学习，增量训练模型结果。

当时做这套，花了不少时间，基本都是专注在开发。但也忽视了整个项目的进度，以及其他同事开发遇到的细节。

9）难产

很多事，在开头就为以后的不幸埋下了隐患。

在我上线发布完业务模型这个功能模块以后，先找到了数据开发工程师，确定一下他那边跨部门对接的进度和交接时间，我准备整合所有渠道的数据源和用户业务数据，都考虑进模型特征里面。

- 第一个"坑"：水龙头里面的水迟迟到不了。

毕竟是跨部门的对接，由于前期缺乏沟通，导致业务方向做错了，他在和跨部门的其他同事对接过程中，误以为优先开发借款端的埋点数据，所以导致理财端这块仍然没有开发出来。

而且比较致命的是，别的部门重新埋点开发理财端数据，还需要大量时间，再加上 iOS 板块的发布，审核也需要一定时间。

- 第二个"坑"：Java 前后端整个框架还很粗糙。

毕竟是请的"外援"，其也会忙自己分内的其他工作，且依靠别人去推动产品的开发，本身就不切合实际，别人能把分配的功能按时做完已经很不错了，做得耦合度达标更是令人感激涕零。

- 第三个"坑"：前端页面没有人做。

当初由于缺乏前端工程师和 UED，于是对接了其他部门的同事，协调一起开发。但缺乏沟通和对项目进度的把控。造成前端页面这块的对接存在两个问题。

- 页面开发的优先级不明确，导致不知道哪些是第一个阶段会上线的页面。

- 页面设计和开发效率极慢，并发忙的事很多，导致项目页面大部分未开发。

这个结果导致整个产品目前只能优先完成后端功能，把服务联调起来，页面交互遥遥无期。

种种掉进去的坑，都是在一开始就埋下的隐患。每个坑都可能导致项目停止，以前的一切努力都会化为尘埃。领导也似乎感觉到，从无到有做一款数据产品的困难。

10）涅槃重生

为了弥补 Java 前后端开发这块的空白，我特意向领导申请，让部门里的一个做 Java 开发的同事加入进来，逐渐接手跨部门同事以前做的任务。领导思考了一下，有些无奈的同意了。

但是，转折好像来了。我们经常一起下班，有一次，他找我聊天，并咨询了一下项目目前的进度，也表达了一些他个人的看法。

记得是这样说的："这个项目对于你来说挺关键的，但是基本上没有人去主导，毕竟也是因为没做过，所以别人也不好带头。我觉得你要趁早站出来了，毕竟这个产品对你很关键，否则根本做不下去。"

他的确说得挺对的。我觉得我有必要站出来了，把这个数据产品拯救起来，完成自己以前的一个梦想。不管结果如何，我都要去拼一把，不为别的，只为了对得起当初自己的一个情怀。

11）挽救

2016 年 9 月中下旬，一切并没有想象中的那么糟。我做出了调整。一方面，我必须站出来，承担这样一个角色，引导着项目成员一起走出困境，把产品推动起来。另一方面，调整我以往的工作方式，让自己动起来，在产品的每个困难点寻找突破。思前想后，当下最应该做的就是让产品后端服务通起来，并做下面这两件事：

- 确定 Spark Streaming 水龙头的数据源，一方面想办法让测试阶段有水流进来。另一方面让它推动着其他部门在理财端各个渠道的数据埋点开发，保障产品上线的进度和数据稳定性测试。
- 跨部门推动，抓紧填上以前产品后端未完成的功能。同时尽快让部门开发同事接手以前的工作，逐渐让产品的后端功能开发回归部门内部。

说做就做，对于跨部门合作这件事上，我们掌握以下两个核心点就可以了。

- 积极性，大部分人都是乐意在工作中寻找成就感的，你的积极性也会感染协助你的同事，能够就你们之间对接的工作不断优化，达到相互满意的状态。

- 给予反馈，懂得去感谢别人的付出，并肯定别人的工作。能够用请客解决的问题都不是问题，如果不行，那就是再请一次。

通过 10 多天时间的挽救，产品在后端功能的坑逐渐填补上了。跨部门的开发同事也成功脱身了，我们部门的开发也能够把产品前后端的功能接手过来了，终于把产品后端的功能服务跑通了。

12）沟通

做数据产品，页面是不可缺少的，一方面供运营人员推广使用，另一方面高层领导要能够实际看到这段时间所做的事。

我梳理了一下整个产品在前端页面遇到的困难，确定了相应的解决方法。

- 特殊性：对于跨部门之间的协作，这次是有差异性，毕竟 UED 和前端属于服务性部门，他们主要的工作就是协作跨部门之间产品的页面开发。
- 问题原因：对于 UED 和前端的协作，导致整个产品页面进度开发慢，只有两个原因，即缺乏沟通和推动，一味地把原型丢给别人，只想着某个时间点得到成果，显然是不切合实际的。
- 解决方案：增加沟通的成本，降低复工的成本，就能够提高整个产品的开发效率。

我采用了看似最笨的方法，却是不可避免的方法，也是效率最高的方法，一对一地把控产品的业务功能，去推动产品进度。

沟通一：产品原型规划

在开发前期已规划好的页面，我都会做大量调研和竞品分析工作，确定整个数据产品闭环流程上的功能点，提前思考后端功能实现的可行性和页面交互的效果，最后规划设计页面。

需要考虑功能可行性、必要性页面展示和交互的确定。一定要有把握，并且要方便和 UED、前端的对接。

沟通二：对接 UED

在把原型交给 UED 做设计的同时，不可掉以轻心。要如实表明项目紧急程度和评估页面的难易程度来确定时间点，更重要的是把页面的展示表达明了，充分利用他们的专业性去润色细节。

考虑到我自己也很喜欢设计，所以在 UED 做页面时，我都会亲自和她们一起讨论。我很欣赏做 UED 的这些同事，她们很有创造性，最后都能收到比较满意的设计效果。做工作就是需要有创造性，而不是照搬原样，而且还能充分利用她们的专业性，让大家协作工作能够有成就感。

沟通三：前端

如果你在 UED 这块做的工作足够多，那么对于后面前端的对接就方便了很多。保证几点就足够了：交互效果、特效说明，以及叮嘱考虑页面屏幕自适应，至于浏览器兼容问题都是他们专业性会考虑的问题。

与做设计的和前端的同事对接起来都让人很舒服。对于我而言，认真的执着态度是不可缺少的，只有这样才能真真切切感染到他们，让每个人都能够在项目中找到成就感，提高页面开发的效率。

于他们而言，作为服务性部门，被别人认可也是很重要的。工作没有高低之分，也没有谁一定要服务于谁。大家愉快轻松地工作，找到工作中的成就感才是最重要的。

沟通四：对接 Java Web

在这样一对一的推动下，整个项目的效率提高了不少，复工的可能性更小，所以，对于 Java web 开发，基本能保证原型不超过 3 天，就能够把工作推动到开发这里。

对接开发是整个推动过程中最关键的一环，因为业务性质特殊，一不留神，也许就会把某个业务做错了，写了一堆代码，到最后推倒重来，这很影响情绪，甚至影响整个产品开发的效率。

在产品设计前期都会和开发沟通业务逻辑实现的可行性让其工作量得到大幅度降低，只需考虑页面和数据库功能的交互。

通过一对一的对接，把控着每一个环节的流程，我们高效地完成了一个又一个页面，而且一次又一次地迭代优化让产品体验更好。离真正的上线发布的时间越来越近，我们更有把握能够按时完成。

13）上线和推广

整个"羊毛党"反欺诈产品在 2016 年 11 月月初面向公司内部的运营部门推广，不过，在我规划的整个数据产品的功能范围内，还有一个最核心的点没有做，即与线上产品的业务流程接入，因为这才是数据产品真正的价值核心。

不过现在还没这么着急，关键是要先让产品推广出去，在业务层面先运营好数据产品，所以接下来我们做了两场比较正式的培训。

一场是针对同样做类似产品的其他部门同事做培训，给他们培训的目的在于和他们交流，寻找融合进我们产品的一些功能点，共同完善产品。

另一场是针对运营部门的同事做培训，也包括负责运营的领导。我也想通过这次培训，正式推动产品的运营，让他们接入更多业务场景去推动产品的不断完善。

在质疑和困境中，我们坚持到了最后，我也算完成了一款有自己特色的大数据产品。而这段时间我收获了什么呢？我想有以下三点。

- 一种感动，一份经历。
- 学会沟通，学会管理。
- 一种期待，对未来大数据发展的向往，路漫漫其修远兮，吾将上下而求索。